Miez, Miez – na komm!

Sabine Schroll

Miez, Miez – na komm!

Artgerechte Katzenhaltung
in der Wohnung

Sabine Schroll ist seit über zwölf Jahren als Tierärztin in einer Kleintierpraxis tätig. Neben der allgemeinmedizinischen Betreuung beschäftigt sie sich mit der Therapie von Katzen (und Hunden) mit psychischen Störungen und berät deren Besitzer. Seit fast zwanzig Jahren lebt sie mit mehreren eigenen Katzen zusammen.

Alle Angaben in diesem Buch sind sorgfältig geprüft und geben den Wissensstand bei der Veröffentlichung wieder.
Da sich Wissen aber laufend weiterentwickelt und vergrößert, muss jeder Anwender selbst prüfen, ob die Angaben nicht durch neuere Erkenntnisse überholt sind. Bei Krankheitsanzeichen oder Symptomen, die zur Sorge Anlass geben, ist unbedingt tierärztlicher Rat einzuholen.

Website der Autorin: **http://www.ethovet.at**

Bibliografische Information der Deutschen Nationalbibliothek:
Die Deutsche Nationalbibliothek verzeichnet diese Publikation in der Deutschen Nationalbibliografie; detaillierte bibliografische Daten sind im Internet über http://dnb.d-nb.de abrufbar.

Herstellung und Verlag: Books on Demand GmbH, Norderstedt
ISBN 978-3-8334-7962-5

Iphigenie, für alles, was sie mich gelehrt hat

Paul-Ludwig für seine Heiterkeit und

seinen frühen Tod auf der Straße

Josef, Valentin und Dömötör für

die wenigen intensiven Jahre

Eliette, Wusi und Sebastian

Shanti und Jay-Jay

Schokozwerg

Camilla

Meinen Freunden

Meinen Eltern

Inhalt

1 Noch ein Katzenbuch?

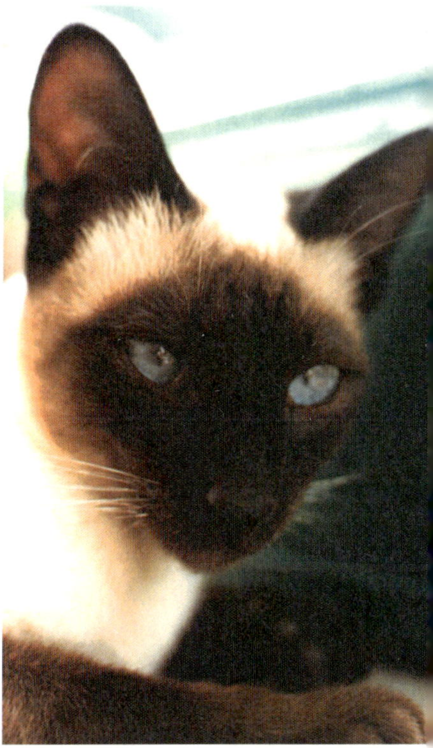

In den letzten Jahren wird die Katze immer mehr zum Haustier Nummer eins und verdrängt den Hund in der Beliebtheitsskala auf den zweiten Platz.

Gleichzeitig werden Katzen häufiger unter beengten Verhältnissen ausschließlich in der Wohnung gehalten.

Die meisten Katzen sind sehr anpassungsfähig und kommen damit gut zurecht. Aber – Verhaltensprobleme und psychische Erkrankungen sind nicht zuletzt aufgrund dieser nicht artgerechten Haltungsbedingungen im Zunehmen.

Kann die reine Wohnungshaltung von Katzen überhaupt artgerecht sein? Das ist eine schwierige Frage und ich werde versuchen, Ihnen die ethologischen Grundlagen zu geben, damit Sie für sich selbst eine Antwort finden können.

Sie werden unzählige in der Praxis erprobte und bewährte Ideen zur kreativen Gestaltung einer katzengerechten Wohnung finden.

Und natürlich auch Wege und Anregungen zur Erziehung, um Ihr Leben mit Katze angenehmer und harmonischer zu gestalten.

Dazu bin ich manchmal etwas abseits ausgetretener Pfade gegangen. Zahlreiche Vergleiche sehen nach Vermenschlichung der Katze aus. Sie sind aber alle rein hypothetisch und haben nur einen einzigen Zweck: Ihnen eine neue Sichtweise und mehr Verständnis für Katzenverhalten zu vermitteln. Und dennoch – es gibt unzählige Dinge, in denen wir uns Menschen von Katzen kaum unterscheiden und vieles, was uns trennt. Genau diesen Bereich mit mehr Einfühlungsvermögen für die Katze zu überbrücken, ist mein Wunsch.

Dieses Buch soll Ihnen eine Hilfe sein, wenn Sie vor der Entscheidung für eine Katze als neues Familienmitglied stehen. Es richtet sich auch an Sie als langjährigen Katzenbesitzer, der schon tiefe Einblicke in die Katzenpsyche gefunden hat, aber dennoch hin und wieder vor einem Problem steht. Und es richtet sich auch an Tierärzte, die ihren Katzenbesitzern ein paar gute Ratschläge für eine artgerechtere Wohnungshaltung mit auf den Weg geben wollen.

2 Reif für die Katze?

Motivation und Erwartungen

Sie beschäftigen sich schon seit einiger Zeit damit, sich eine Katze zu nehmen, weil Sie ein bisschen unkomplizierte Gesellschaft in Ihrer Singlewohnung haben wollen?

Ihre Kinder haben Sie endlich so weit gekriegt, dass Sie zwar das Pferd in der Garage und den Bobtail in der Dreizimmerwohnung abwenden konnten, sich aber gemeinsam auf ein neues Familienmitglied Katze geeinigt haben?

Die Kinder sind aus dem Haus und ein wenig jugendliche Verspieltheit würde das Leben abwechslungsreicher machen?

Ihre Einzelkatze hat Langeweile und Sie wollen Ihr einen Spielgefährten suchen?

Vielleicht stand ja auch eines Morgens ein kleines hungriges Katzen-Etwas vor Ihrer Tür und Sie konnten gar nicht anders, als es aufzunehmen?

In jedem Falle, auch wenn Sie schon Katzen hatten, sollten Sie sich zwei wichtige Fragen stellen, bevor Sie eine Entscheidung treffen, die Verantwortung für viele Jahre bedeutet:

1. *Welche Erwartungen habe ich an meine zukünftige Katze und das Zusammenleben mit ihr?*
2. *Welches sind die Bedürfnisse einer Katze und wie kann/will ich sie erfüllen?*

Viele Enttäuschungen und Probleme im Zusammenleben mit Katzen resultieren, wie wir noch sehen werden, aus einer falschen Erwartungshaltung, die Katzen generell oder diese eine Katze im Besonderen nicht erfüllen können.

Oder aber – und daraus resultiert ein großer Anteil an Verhaltensstörungen der Katze – es ist den Besitzern zu wenig über das normale Verhalten und die grundlegenden Bedürfnisse von Katzen bekannt.

In den letzten Jahren haben sich einige Wissenschaftler intensiver mit dem Katzenverhalten beschäftigt, und ich werde versuchen, Ihnen in diesem Buch manche dieser Erkenntnisse und die Konsequenzen für die Katzenhaltung zu vermitteln.

Und am Ende dieses Buches werden Sie die wesentlichsten Informationen haben, um auch auf die zweite Frage eine ganz klare Antwort zu finden.

Beschäftigen Sie sich aber vorerst einmal mit Ihrer Motivation und Ihren Erwartungen.

Nehmen Sie sich ein Blatt Papier und schreiben Sie alles auf, damit Sie Ihre Ergebnisse in ein paar Tagen und nach dem Lesen dieses Buches noch einmal überprüfen können. Diese Untersuchung sollte jedes Familienmitglied, das dazu in der Lage ist, für sich selbst machen. Am Schluss sucht man die Gemeinsamkeiten heraus und stellt sie den Ausschlussgründen gegenüber.

1. *Welche Motivation(en) habe ich, mir eine Katze ins Haus zu holen?*

Da es fast so viele Gründe gibt, eine Katze aufzunehmen, wie es Menschen und Katzen gibt, hier nur einige der häufigsten als Gedankenanstoß: Erinnerung an eine Kindheit mit Katzen ... Kinder sollen mit Kontakt zu Tieren aufwachsen ... Kontakt mit Tier/Natur in der Stadt ... Bedürfnis, ein kleines Wesen zu pflegen ... Gesellschaft und Freundschaft ... Katze ist ein Vorbild für Freiheit und Unabhängigkeit ... Ursprünglichkeit und Wildheit ... Anschmiegsamkeit ... Katze ist viel einfacher zu halten als Hund ... Vermittlung von Ruhe und Gelassenheit ... Schönheit ...

Aus diesen Motivationen können Sie nun Ihre Erwartungen an das Zusammenleben mit Katzen genauer erarbeiten:

2. Was erwarte ich von meiner Katze?

Sauberkeit ... Kontaktfreudigkeit und Freundlichkeit ... Verspieltheit und Aktivität ...

Anschmiegsamkeit ... Gehorsam ... Schönheit ... leicht zu pflegen ... geringer Kostenaufwand ... Wildheit und Ursprünglichkeit ... Wärme und Gemütlichkeit ... Intelligenz ... Ruhe ... Anhänglichkeit ... Ausdauer ...

Gehen Sie ruhig ins Detail und stellen Sie sich ein Leben mit Katze vor.

Und nun kommt die Umkehrprobe:

3. Was mag ich nicht (würde ich nicht mögen) am Zusammenleben mit einer Katze?

Unsauberkeit ... Beißen und Kratzen ... beschädigte Einrichtung ... Ungehorsam ...

Katzenhaare (überall) ... Unordnung ... wählerisch beim Fressen ... Katzen im Bett ... Spielmäuse am Kopfpolster ... angefressene Zimmerpflanzen ... Unordnung ... auf Regale, Tische und sonstige Möbel springen ... Unberechenbarkeit ... Katzenstreu (fast überall) ... Unabhängigkeit ... morgendliches Beseitigen von kleinen Seen erbrochenen Schleims (meistens, nachdem man barfüßig hineingetappt ist) ... nächtliche Jagdspiele ... Falschheit ... aufdringliches Miauen ... an Vorhängen hochklettern ...

Auch hier sollten Sie ruhig ins Detail gehen und sich Ihren Tagesablauf sowie Ihre Wohnung mit Katze vorstellen.

Wie Sie noch erfahren werden, sind manche – aber nicht sehr viele – dieser Erwartungen an die Katze an sich unrealistisch oder nicht in ein und derselben Katze vereinbar. Oder aber Dinge, die im Zusammenleben unvermeidlich sind wie eben Haare oder zeitweiliges Erbrechen.

Obwohl Katzen überaus große Individualisten sind und sich in ihren Persönlichkeiten unterscheiden, erscheint es mir dennoch sehr wichtig, wenigstens den grundlegenden Charaktertyp seiner Wunschkatze herauszufinden. Mehr dazu finden Sie im dritten Kapitel.

Nach diesen emotionalen Punkten sollten Sie sich noch mit profaneren Fragestellungen beschäftigen, und zwar mit **Zeit, Raum** und **Geld**:

Die **Anschaffungskosten** für die meisten Katzen – ausgenommen Rassekatzen – belaufen sich auf null oder eine Spende ans Tierheim. Reinrassige Katzen vom verantwortungsvollen Züchter können bereits beim Erwerb einiges an Kosten verursachen. Allerdings besteht die Gegenleistung in einer engagiert und liebevoll aufgezogenen, geimpften Jungkatze, deren Eltern und Vorfahren bekannt sind und in der Regel aus reiner Wohnungshaltung stammen.

Regelmäßige tierärztliche Betreuung ist auch für die ausschließlich in der Wohnung gehaltene Katze unbedingt notwendig. Unvorhergesehene Behandlungskosten können eventuell durch den Abschluss einer Tier-Krankenversicherung abgedeckt werden.

Suchen Sie sich eine tierärztliche Praxis, bevor Sie eine Katze mit einem gesundheitlichen Problem haben und lassen Sie sich über den ungefähren Kostenaufwand und die Möglichkeiten für die routinemäßige medizinische Betreuung beraten. Dabei können Sie auch in Ruhe und ohne Stress sehen, ob Sie sich in der Praxis oder Klinik wohlfühlen und Vertrauen zur betreuenden Tierärztin haben. Dass Sie eine Tierärztin treffen, ist rein statistisch gesehen wahrscheinlicher, weil immer mehr Frauen in diesem Beruf tätig sind. Ich werde daher im Weiteren überwiegend die Berufsbezeichnung Tierärztin verwenden, was mir meine ebenso engagierten Kollegen hoffentlich verzeihen werden.

Auch Fragen, die in diesem Buch nicht behandelt werden, könnten Sie im Rahmen dieses Beratungsgesprächs abklären – und vielleicht bekommen Sie ja auch gleich eine zu Ihnen passende Katze vermittelt.

Laufende Ausgaben entstehen durch **Futter** und **Katzenstreu.** Auch dazu können Ihnen die Tierarztpraxis, seriöse Züchter oder befreundete Katzenbesitzer Informationen liefern.

Unbedingt erforderliche **Grundausstattung** sind mindestens zwei Katzentoiletten sowie Kratz- und Klettermöglichkeiten, Hängematte für den Heizkörper, Fenster/Balkongitter, Futter- und Wasserschüssel, einen (am besten oben zu öffnenden) Katzentransportkäfig.

Das **Raumangebot** in Ihrer Wohnung ist für die Lebensqualität einer Katze entscheidend, vor allem dann, wenn sie nur drinnen lebt und kein Garten für den Freilauf zur Verfügung steht.

Dabei ist aber nicht alleine das Flächenmaß entscheidend, sondern wesentlich wichtiger ist die Raumaufteilung, Strukturierung und ob die Katze auch die dritte Dimension des Raums nützen kann/darf.

Ebenso entscheidend ist, wie viele Räume Sie zur zeitweiligen oder ständigen „katzenfreien Zone“ erklären wollen, wodurch der Lebensraum der Katze nochmals eingeschränkt wird.

Textiltapeten, Ledergarnituren und gobelinbestickte Stühle können fast unwiderstehliche Einladungen zum Kratzen sein, vor allem dann, wenn keine – für die Katze –brauchbaren Alternativen angeboten werden. Mit teuren Porzellanfiguren und Klöppelspitzen dekorierte Tischchen werden möglicherweise unter den Versteck- und Jagdspielen Ihrer Katze zu leiden haben.

Andererseits sind ordentlich aufgeräumte Wohnungen mit nackten Wänden und geschlossenen Wandverbauten ziemlich beengend und öde, wenn Katzen 15 Jahre ohne Abwechslung darin leben müssen. Kein Wunder, dass ein einziges neues Möbelstück für diese Katzen eine existenzielle Krise – mit der häufigen Folge Harnmarkieren – bedeuten kann.

Ein kahles 300 Quadratmeter Loft mit nur drei exklusiven Designermöbelstücken bietet einer Katze wesentlich weniger Lebensqualität als 50 Quadratmeter unordentlicher Junggesellenwohnung mit vielen Sitzplätzen auf Fensterbank und Bücherregalen.

Wie Sie Ihre Wohnung als Lebensraum für die Katze gestalten und verbessern können, werden wir noch im Detail besprechen.

Als Grundregel gilt jedenfalls: Je kleiner und je eintöniger die Wohnung, desto mehr muss man als Besitzer einer Katze für Abwechslung und Aktivität sorgen, um sie nicht verkümmern zu lassen.

Das erfordert natürlich **Zeit** – und auch die muss man haben, wenn man mit Katzen harmonisch zusammenleben will. Zweimal täglich beaufsichtigte Fütterung der erwachsenen Katze und mindestens einmal tägliche Reinigung der Katzentoiletten sind als Zeitaufwand zu gering bemessen. Wohnungskatzen müssen sich bewegen – man muss sie zwar nicht wie Hunde bei jedem Wetter spazieren führen, aber sie brauchen dennoch Spielaufforderung und Anregung. Wer den ganzen Tag in der Arbeit zubringt, *muss* am Abend mit seiner

Katze aktiv spielen, wenn sie nicht in der langweiligen Einöde einer Wohnung verkümmern und zahlreiche Unarten entwickeln soll. Und das gilt nicht nur für junge Kätzchen, sondern auch für erwachsene und alte Katzen, die genauso spielfreudig und aktiv sein können, wenn man ihnen die Möglichkeiten dazu gibt.

Wenn absehbar ist, dass Ihre Katze viel alleine sein wird, denken Sie ab jetzt besser in der Mehrzahl und entscheiden sich für zwei Katzen – oder gar keine!

Ganz erspart bleibt Ihnen das gemeinsame Spiel auch mit zwei Katzen nicht. Möglichkeiten für Spiel und Abwechslung gibt es viele – Anregungen, Ideen und Erziehungsvorschläge bekommen Sie hier – die Umsetzung und kreative Weiterentwicklung sind Ihre Aufgabe.

Natürlich sollten Sie im Krankheitsfall genügend Zeit für den Tierarztbesuch und die Pflege einer kranken Katze haben.

Und für Urlaubszeiten sollte unbedingt geklärt sein, wer die Katze – vorzugsweise in der vertrauten Wohnung –während Ihrer Abwesenheit betreuen kann.

Nachdem Ihnen nun hoffentlich einigermaßen klar ist, was Sie von Ihrer Katze erwarten und ob Sie genügend finanzielle, räumliche und zeitliche Möglichkeiten haben, machen wir uns auf die Suche nach einer geeigneten Katze.

Domestikation und Entwicklung

Unsere Hauskatzen stammen von der afrikanischen Falbkatze ab. Diese lebte vermutlich schon seit 6000–10 000 Jahren in der Nähe des Menschen und in lockerer Gemeinschaft mit ihm. Auf ungefähr 1600 v. Chr. sind in Ägypten gefundene Katzenmumien datiert, die auf engeren Kontakt mit dem Menschen hinweisen.

Die Katze ist ein Haustier, das sich selbst domestiziert hat. Die großen Getreidespeicher waren ein ideales Jagdrevier, sodass sich Katzen freiwillig immer enger an die menschliche Gemeinschaft angeschlossen haben. Vom Menschen geduldet und später sogar verehrt, haben sie immer alle Vorteile genützt – ausreichend Mäuse, warme sichere Ruheplätze und die Möglichkeit, jederzeit zu kommen und zu gehen.

Erst seit rund 150 Jahren werden Katzen vom Menschen planmäßig gezüchtet, die meisten Katzen aber vermehren sich immer noch ohne Einflussnahme und Kontrolle.

Während Hunde schon seit Jahrhunderten für viele spezielle Aufgaben wie Jagd, Hütearbeit, Schutz und Gesellschaft in allen möglichen Größen und Formen gezüchtet werden, hat sich das Erscheinungsbild der Katze im Vergleich dazu nur sehr wenig verändert.

Die einzige Aufgabenstellung für die domestizierte Katze war die Jagd auf kleine Nager zum Vorratsschutz und dafür ist sie schon perfekt ausgestattet. Lange Zeit wurden nur Farbe, Zeichnung und Haarlänge züchterisch bearbeitet; erst seit wenigen

Jahrzehnten werden auch der Körperbau (Kurzbeinigkeit der Munchkin, Schwanzlosigkeit der Manx und Cymric), die Kopfform (Pekeface der Perser, extrem keilförmiger Kopf der Siam und Orientalisch Kurzhaar), die Ohren (Faltohr der Scottish Fold) und die Anzahl der Zehen (Überzahl bei der Bigfoot) verstärkt durch die Zucht beeinflusst. Es bleibt nur zu hoffen, dass den Katzen die vielen extremen und tierquälerischen Auswüchse der Hundezucht erspart bleiben.

Welche Konsequenzen hat diese Entwicklung der Hauskatze für die Wahl Ihres neuen Familienmitglieds?

Erstens erklärt sich dadurch die große Unabhängigkeit und Überlebensfähigkeit vieler Katzen. Die Urkraft und Wildheit von über Generationen auf sich allein gestellten Freibeutern bricht auch bei mancher Haus- und Wohnungskatze immer wieder einmal – wenn vielleicht auch nur für kurze Zeit – durch.

Die Katze ist ein zwar kleines, aber eines der am perfektest ausgestatteten Raubtiere dieser Erde: Schnelligkeit und Muskelkraft kombiniert mit leistungsfähigen Sinnesorganen, großer Lernfähigkeit und Intelligenz.

Die modernen Lebensbedingungen in einer Wohnung können die Anpassungsfähigkeit dieses kleinen energiegeladenen Fellbündels manchmal überfordern – umso größer ist unsere Verantwortung für eine artgerechte Katzenhaltung in der Wohnung.

Zweitens gibt es Katzenrassen, die seit Generationen in engem menschlichem Kontakt leben. Das bedeutet, dass naturgemäß eher die menschenfreundlichen und den menschlichen Vorstellungen am meisten entsprechenden und angepassten Katzen vermehrt wurden. Besondere rassetypische Charaktereigenschaften sind zum Teil genetisch fixiert und erleichtern die Entscheidung für einen bestimmten Typ.

Vererbung von Verhalten

Seit einigen Jahren weiß man, dass die Menschenfreundlichkeit, die Neugier und die Bereitschaft zur Kontaktaufnahme mit Menschen in bestimmtem Maße von der Veranlagung abhängt – also vererbt wird.

Das bedeutet aber nicht, dass sich alle Jungkatzen von aufgeschlossenen freundlichen Eltern in jedem Fall genauso entwickeln müssen. Vielmehr bekommen die Katzenkinder von ihren vertrauensvollen, freundlichen Katzeneltern ein genetisches Potenzial, quasi die Hardware, mit und eine Neigung, sich zu menschenfreundlichen und kontaktfreudigen Katzen zu entwickeln. Dazu müssen sie aber auf jeden Fall durch entsprechende Aufzucht die Möglichkeit bekommen.

Wie diese Aufzucht aussehen kann und welche Bedingungen hier erfüllt sein müssen, um die Entwicklung zur freundlichen Jungkatze zu fördern, erfahren Sie im nächsten Abschnitt.

Eine Unterscheidung, was im Einzelnen vererbt und welches Verhalten erlernt wurde, ist in der Praxis nicht möglich – letztendlich kommt es auf das ausgeglichene und harmonische Zusammenspiel von genetischer Anlage und optimaler Entwicklung an.

Mit dieser Erkenntnis wird klar, dass es gewisse Vorteile haben kann, sich für eine reinrassige Katze, deren Eltern und Vorfahren bekannt sind, zu entscheiden. Ganz besonders gilt das, wenn man großen Wert auf bestimmte Verhaltenseigenschaften, ein bestimmtes Temperament oder die reine Wohnungshaltung legt.

Sozialisation – die gute Kinderstube

Die Sozialisation kleiner Katzen beginnt bereits im Bauch der Katzenmutter, wenn die sich bewegenden, ungeborenen Katzenkinder gestreichelt werden. So lernen sie den Streichelkontakt mit Menschen schon vor ihrer Geburt kennen, sind dann als erwachsene Katzen nachweislich kontaktfreudiger, emotional stabiler und lassen sich lieber streicheln als solche, denen diese Erfahrung fehlt.

Kleine Katzen kommen blind und taub auf die Welt. In den ersten Tagen orientieren sie sich an der Wärme und dem Geruch ihrer Mutter und Geschwister. Schon mit wenigen Tagen beginnen die blinden Kätzchen zu fauchen und sogar zu spucken (eine besondere Lautäußerung bei Bedrohung), wenn sie fremde Gerüche, etwa den einer menschlichen Hand, wahrnehmen. Ohne regelmäßigen und intensiven menschlichen Kontakt entwickeln sich diese Kätzchen innerhalb von 7 Wochen zu kleinen wilden Tigern, die sich dem Menschen gegenüber fast so scheu wie Wildtiere benehmen. Obwohl sich noch manche dieser Jungkatzen mit viel Geduld an einzelne Menschen gewöhnen können, werden sie *niemals* zu unkomplizierten, flexiblen und weltoffenen Hausgenossen, sondern bleiben potenzielle Problemkatzen, insbesondere in der Wohnung.

Diese Situation einer vom Menschen isolierten und mehr oder weniger reizarmen Aufzucht findet man immer wieder bei Bauernhofkatzen, die ihre Jungen verstecken und erst dann im Stall präsentieren, wenn die sensible Phase für die Sozialisation praktisch vorbei ist.

Wachsen die kleinen Kätzchen hingegen mit Kindern und Hund im alltäglichen Familienchaos auf, kann man ziemlich sicher sein, dass sie gut sozialisiert sind. Neben den eigenen Kindern sind natürlich dauernd Schulfreunde da, es ist mitunter laut und unordentlich, der Hund bellt und vier kleine Wollwusel leben mit ihrer Mutter mittendrin.

Jungkatzen, die innerhalb der sensiblen Phase von der 2. bis 7. Lebenswoche viel freundlichen Kontakt mit verschiedenen Menschen (Männern, Frauen, Kindern verschiedener Altersstufen) und anderen Tieren haben, sind anhänglicher und kontaktfreudiger.

Katzenkinder einer freundlich-vertrauensvollen und entspannten Kätzin lernen von ihr durch Beobachtung und fühlen sich bei dadurch bei der Erforschung der Umwelt wesentlich sicherer.

In den ersten Wochen müssen die Katzenkinder aber nicht nur den Umgang mit Menschen lernen, sondern auch das Sozialverhalten mit anderen Katzen. Der ausreichende Kontakt mit anderen Katzen ist entscheidend, damit ein Katzenkind sich selbst als Katze erleben und identifizieren kann.

Beim Spielen mit den Geschwistern, ihrer Mutter und anderen Artgenossen üben die Kätzchen alle Verhaltensweisen, die sie für den späteren Umgang miteinander brauchen. Ob diese sensible Phase für die Sozialisation auf andere Katzen auch mit 7 Wochen endet, ist noch nicht eindeutig klar, sehr wahrscheinlich dauert sie aber länger.

Die Sozialisation auf den Menschen wird nicht durch den Kontakt mit Geschwistern, Mutter und anderen Katzen behindert – Kätzchen werden also *nicht* anhänglicher, wenn man sie frühzeitig von ihrer Mutter wegnimmt.

Im Gegenteil: Bei mangelndem oder fehlendem Kontakt zu Mutter, Geschwistern oder anderen Katzen in der Aufzuchtphase entwickeln sich asoziale, hyperaktive Jungkatzen, die unfähig zu normalen Sozialkontakten mit anderen Katzen und Menschen sind. Und das Zusammenleben mit solchen – oft handaufgezogenen –Katzen gestaltet sich schwierig, weil sie keinerlei Erziehung zur Selbstkontrolle durch die Katzenmutter erhalten haben und mit Frustration nur sehr schlecht umgehen können, Aggression ist die Folge. Katzenmütter sind bei ihren Erziehungsmaßnahmen einfach viel konsequenter und härter, als es Menschen gegenüber einem Katzenkind sein können.

Charakterkatzen – welche Typen von Katzen es gibt

Durch das Zusammenspiel von vererbtem Verhalten und Aufzuchtbedingungen in den ersten 7 Wochen entsteht eine individuelle Katzenpersönlichkeit.

Allerdings können Katzen aufgrund ihres Verhaltens gegenüber Menschen und anderen Katzen in verschiedene Typen eingeteilt werden:

Einerseits in die **ängstlich-scheuen Katzen**, die mit völligem Rückzug oder Aggression reagieren, wenn sie mit Menschen oder unbekannten Situationen konfrontiert werden. Das betrifft fast immer mangelhaft sozialisierte Katzen, deren Erfahrungsdefizit nie wieder gänzlich ausgeglichen werden kann.

Diese Katzen brauchen sehr viele positive Erfahrungen, um etwas zugänglicher zu werden, und nur ein einziges negatives Erlebnis reicht aus, um alles wieder zunichtezumachen.

Ganz vereinzelt können sich Katzen trotz guter Sozialisation und freundlicher Eltern in diese Richtung entwickeln. Das Zusammenleben mit solchen Katzen erfordert sehr viel Erfahrung, Geduld und Ruhe. Selbst dann bleiben sie problematisch und zeigen aufgrund ihrer Unsicherheit vielfach unerwünschtes Verhalten wie Unsauberkeit und Harnmarkieren.

Wenn Sie noch nie eine Katze hatten oder in einem turbulenten Kinderhaushalt leben, ist das wohl die unglücklichste Wahl, die Sie treffen können. Auch für sehr erfahrene Katzenhalter bedeuten diese Katzen eine große Herausforderung und man muss sich fragen, ob es im Sinne der Katze ist, sie zu derart engem Zusammenleben mit Menschen in der Wohnung zu zwingen.

Andererseits gibt es die menschenfreundlichen und vertrauensvollen Katzen, wobei sich die Freundlichkeit auf verschiedene Art zeigen kann.

Da sind einmal die **zurückhaltend-freundlichen Katzen**, die den Kontakt mit Menschen schätzen, aber von sich aus eher nicht auf den Menschen zugehen. Sie machen einen etwas introvertierten, passiven Eindruck und warten, bis sie gestreichelt werden. Das dezente und zurückhaltende Wesen dieser Katzen ist mitunter auch der Grund, dass sie einfach übersehen und dadurch vernachlässigt werden. Vor allem im Mehrkatzenhaushalt bekommen diese Katzen häufig zu wenig menschlichen Kontakt und Spielgelegenheiten, weil sie sich nie vordrängen und in Szene setzen, sondern still in einer Ecke sitzen und warten ...

Als Besitzer einer solchen Katze muss man selber Initiative zeigen, die Katze wird es wahrscheinlich nicht tun. Oder sie tut es im Rahmen ihrer Möglichkeiten und wird eventuell unsauber, wenn ihre Leidensfähigkeit erschöpft ist.

Ganz anders sind im Gegensatz dazu die **initiativ-freundlichen Katzen,** die von sich aus mehr oder weniger direkt, bisweilen durchaus aufdringlich, Menschenkontakt suchen, wenn nicht sogar fordern.

Ein Teil dieser Katzen ist sehr aktiv und wünscht vorrangig Spielkontakt – das sind sozusagen die **Spielkatzen**. Sie lassen sich nicht so gerne hochheben, herumtragen und sie sind auch meistens keine ausdauernden Schmusekatzen. Wer wenig Zeit für Jagdspiele und die artgerechte Beschäftigung solcher Katzen aufbringt, muss mit täglichen Überraschungen in seiner Wohnung oder nächtlicher Aktivität rechnen.

Wie gesagt, diese Katzen können ziemlich aufdringlich werden, wenn ihnen nach Kontakt ist.

Die **Streichelkatzen** bevorzugen den Körperkontakt, lassen sich gerne herumtragen und auch lange Zeit streicheln, während sie auf dem Schoß sitzen. Sie sind wahrscheinlich der Inbegriff dessen, was man sich unter einer anschmiegsamen und freundlichen Katze vorstellt.

Für die reine Wohnungshaltung sind diese Katzen mit Sicherheit die beste Wahl.

Leider gibt es nur wenige Katzen, die sowohl große Spielfreude und Neugier als auch Bedürfnis nach Körperkontakt und anschmiegsamer Ruhe in sich vereinen, sodass man sich vor einer Entscheidung grundsätzlich darüber klar sein sollte, welchen Typ man bevorzugt.

Im Verhalten gegenüber anderen Katzen kann man die sozialen Typen von den Einzelgängern unterscheiden.

Die Voraussetzung für eine **soziale Katze**, die friedlich mit einer oder mehreren anderen Katzen zusammenleben kann, ist der Umgang mit Artgenossen in der Kindheit. Jungkatzen, die auf dem Bauernhof oder beim Züchter in einer Gruppe von Katzen aufwachsen, sind praktisch immer gesellig. Soziale Katzen vertragen sich bei entsprechenden Lebensverhältnissen meistens sehr gut miteinander – sie müssen es aber nicht unbedingt tun!

Einzelgängerkatzen sind entweder allein aufgewachsen, ohne Katzenkontakt handaufgezogen oder leben bereits sehr lange allein. Auch eine sozial aufgezogene Katze verliert gezwungenermaßen ihre sozialen Bedürfnisse nach 10 Jahren Einsamkeit in der Wohnung und freut sich meistens gar nicht mehr über eine Partnerkatze.

Manchmal entwickeln sich auch sozial aufgewachsene Katzen trotz weiterer Kontaktmöglichkeiten zu Einzelgängern – vielleicht ein Erbe ihres umherziehenden, obdachlosen Streuner-Vaters.

Nachdem Sie nun einiges über die Domestikation, die Vererbung des Verhaltens und die Sozialisation der Katze erfahren haben, sind noch einige Fragen zum Thema Rassekatze oder Hauskatze, Farbe, Geschlecht und Alter zu klären, bevor Sie sich auf die Suche machen können.

Rassekatzen

Wenn Sie noch nie mit einer reinrassigen Katze zusammengelebt haben, werden Sie es wahrscheinlich völlig überflüssig finden, über den Kauf einer Katze nachzudenken, wenn man doch so viele entzückende Katzenkinder geschenkt bekommen kann.

Der große Vorteil einer reinrassigen Katze ist die Tatsache, dass beide Elternteile bekannt sind und auch deren Vorfahren bereits seit mehreren Generationen in sehr engem Kontakt mit Menschen lebten.

Die meisten Katzenrassen werden schon seit langer Zeit überwiegend oder ganz im Haus gehalten, weil ja sonst die Kontrolle der Fortpflanzung nicht funktionieren würde. Somit sind sie in ihrem Temperament auch schon besser als freilaufende Bauernkatzen für ein ausschließliches Leben in der Wohnung geeignet. Des Weiteren haben die Kätzchen nie das freie Leben kennen gelernt und ihr Erfahrungshorizont ist dem reinen Indoor-Leben viel besser angepasst.

Bestimmte Eigenschaften kommen mit größerer Wahrscheinlichkeit bei einer bestimmten Katzenrasse vor und wer auf bestimmte Farb- oder Felltypen Wert legt, wird auch eher an eine Rassekatze denken.

Verantwortungsvolle Züchter lassen ihre Katzen regelmäßig medizinisch betreuen, sodass Sie eine geimpfte, parasitenfreie, optimal aufgezogene und sozialisierte Jungkatze erwarten können.

Informationen über das Aussehen und die Charaktereigenschaften der einzelnen Rassen können Sie in zahlreichen Büchern nachlesen oder, noch besser, im Gespräch mit Züchtern auf Ausstellungen klären. Auch in Ihrer tierärztlichen Praxis können Sie Adressen von Züchtern oder häufige medizinische Probleme bei bestimmten Rassen erfragen.

Beachten Sie aber, dass für jeden Besitzer und Züchter immer „seine“ Rasse die allerbeste ist. Die Unterschiede zwischen den Rassen und typische Eigenschaften werden in den meisten Büchern und von Besitzern ziemlich einheitlich beschrieben, und es gibt mittlerweile auch eine wissenschaftliche Untersuchung, die rassetypisches Verhalten bestätigt.

Ich möchte aber betonen, dass Katzen, wie auch ihre Besitzer, individuell sehr unterschiedlich sein können. Auch wenn Siamkatzen im Allgemeinen sehr lebhaft und aktiv sind, gibt es trotzdem – manchmal – ruhige und leise unter ihnen. Und selbst diese kann ein Perserbesitzer, der nur das ruhige Wesen seiner Katze kennt, noch als hyperaktiv und nervig empfinden. Wohingegen vielleicht der Besitzer einer spielfreudigen, heiteren Burmakatze meinen könnte, die Perserkatze neben ihm auf der Couch wäre ein langhaariges, lebendes Zierkissen. Bei der Vielzahl von Katzenrassen ist mittlerweile aber für jeden Geschmack und jedes Temperament eine passende dabei.

Hauskatzen

Wenn Sie keine besonders detaillierten Ansprüche an das Aussehen, die Haarlänge und den Charakter Ihrer Katze stellen, sondern einfach eine nette, freundliche Familienkatze wollen, dann liegen Sie hier genau richtig.

Von Frühsommer bis Herbst finden Sie fast in jedem Supermarkt am schwarzen Brett eine Menge Zettel: Kleine Kätzchen zu verschenken. Um diese Jahreszeit kommen die meisten Katzenkinder zur Welt, und Sie können leicht ein zu Ihnen passendes Jungtier finden.

Im Herbst und Winter ist es etwas schwieriger, sodass manchmal ein wenig Geduld besser sein kann, als ein nicht sozialisiertes und scheues Kätzchen vom Bauern mitzunehmen, weil es jetzt gleich da sein muss.

Im Übrigen stimmt es nicht grundsätzlich, dass die spät im Jahr geborenen, so genannten Herbstkatzen weniger widerstandsfähig oder krank sind. Es kann allerdings bei schlecht oder gar nicht betreuten Katzenmüttern ein gewisser Ermüdungseffekt einsetzen, wenn die Beutetiere weniger werden und der zweite oder dritte Wurf im Jahr bei sinkenden Temperaturen auch noch versorgt werden soll.

Jungkatzen, die von ihren Müttern mit menschlicher Unterstützung betreut werden, sind das ganze Jahr über gleichermaßen widerstandsfähig.

Für welche Farbe bei der Katze Sie sich entscheiden, ist reine Geschmackssache. Obwohl immer wieder versucht wird, bestimmten Farben gewisse Charaktereigenschaften zuzuordnen, gibt es bis heute keine wissenschaftliche Untersuchung, die das bestätigen würde.

Gute Katzen haben im Übrigen gar keine Farbe! Immer wieder fixieren sich Besitzer auf eine bestimmte Farbe – und genau so soll sie aussehen. Leider vergessen sie dabei aber, auf die viel entscheidenderen Dinge wie ein freundliches, unkompliziertes Wesen zu achten.

Ich garantiere Ihnen – nach spätestens ein paar Tagen mit dem Katzenkind ist Ihnen jede Farbe recht und bei der unsauberen Problemkatze ist Ihnen sowieso egal, ob sie genau diese hübsche Zeichnung hat!

So viel kann aber festgehalten werden: Einfarbig weiße Katzen (mit blauen oder andersfarbigen Augen) leiden häufig an Taubheit, weil mit dem fehlenden Pigment ein erblicher Defekt im Innenohr gekoppelt ist – lassen Sie eine audiometrische Untersuchung des Gehörsinns durchführen, bevor Sie eine weiße Katze wählen.

Es spricht nichts dagegen, sich für eine taube Katze zu entscheiden – aber Sie sollten darüber Bescheid wissen und Freilauf ist natürlich verboten. Für Züchter sollte es eigentlich selbstverständlich sein, nur mit entsprechend untersuchten und gesunden Katzen zu züchten.

Rote Katzen sind überwiegend Kater, nur 10 Prozent der roten Katzen sind weiblich.

Die Farben Rot und Schwarz sind am X-Chromosom befestigt, sodass beim Kater, der nur ein X-Chromosom besitzt, *entweder* rotes *oder* schwarzes Fell erscheinen kann.

Somit sind alle Farbkombinationen von Rot (Creme) *und* Schwarz (Grau, Blau), mit oder ohne Weiß, nur bei der weiblichen Katze möglich, die zwei X-Chromosomen hat. Also sind Schildpattkatzen und dreifarbige Katzen immer weiblich.

Jung oder alt

Es gibt kaum etwas Faszinierenderes und Schöneres, als zuzusehen, wie aus einer zeitweise noch etwas ungeschickten Kleinkatze in wenigen Wochen ein schlaksiger Katzen-Teenie heranwächst, dem nichts in Ihrer Wohnung heilig ist.

Mit einem knappen Jahr hat die Katze das intensivste Wachstum abgeschlossen, die Pubertät meistens schon hinter sich, und auch die Persönlichkeit hat sich in ihren Grundzügen gefestigt. Völlig ausgewachsen und ausgereift sind Katzen je nach Typ meistens mit 18 Monaten, manche brauchen noch etwas länger.

Ein Katzenkind können Sie mit frühestens 8 Wochen, besser aber erst mit 12 Wochen, von seiner Mutter und den Geschwistern (eins bleibt ihm ja vielleicht) trennen und zu sich nachhause holen. Jüngere Katzen von ihrer Mutter wegzunehmen, stört deren Sozialentwicklung extrem und verbessert die Bindung an den Menschen gar nicht – sie entwickeln sich nur leichter zu Problemkatzen. Ausnahmen davon sind nur bei mangelhaften Aufzuchtbedingungen sinnvoll.

Bei jungen Katzen ist es aber natürlich wesentlich schwieriger zu erkennen, in welche Richtung sie sich entwickeln werden, weil die Persönlichkeit noch nicht ausgereift ist und durch Umwelt, neue Erfahrungen und Ihre Erziehung beeinflusst werden kann.

Wie Sie bei der Auswahl des Kätzchens eine grundlegende Tendenz der Persönlichkeit erkennen können, erfahren Sie im nächsten Abschnitt.

Bereits erwachsene oder ältere Katzen sind über die wilde Phase des Vorhangkletterns meistens schon hinweg und benehmen sich von Anfang an etwas gesitteter in Ihrer Wohnung.

Sie verändern sich in ihrem Charaktertyp nicht mehr grundlegend und übermitteln Ihnen ihre Sympathie oder Antipathie direkt und ohne Umwege. Damit sind wir auch gleich bei einer ganz speziellen Gruppe von Katzen:

Secondhand-Katzen

Leider kommt es sehr häufig vor, dass sich Katzenbesitzer zum Teil schon nach wenigen Monaten oder Jahren wieder von ihrem Hausgenossen trennen. Manchmal sind es unvorhergesehene Veränderungen der Lebensumstände oder schwere allergische Reaktionen eines Familienmitglieds, die eine Trennung nötig erscheinen lassen. Aber oftmals wurde die Katze einfach unüberlegt aufgenommen und soll nun auf einen anderen Platz vermittelt werden.

In sehr vielen Fällen sind es unüberwindlich erscheinende Verhaltensprobleme, die bei artgerechter Haltung und entsprechendem Wissen der Besitzer gar nicht erst aufgetreten wären oder mit entsprechender Beratung und Therapie sehr leicht gelöst werden könnten.

Entweder kann man diese Katzen durch Vermittlung von Organisationen oder über Inserate direkt aus dem Privathaushalt übernehmen oder man holt sie aus einem Tierheim.

Die Übernahme aus dem privaten Haushalt hat den Vorteil, dass man ziemlich viel über die bisherigen Lebensverhältnisse der Katze erfahren kann. Besonders wichtig ist, ob dic Katze ins Freie hinausdurfte und ob andere Haustiere mit ihr zusammenlebten.

Nicht immer wird man die wahren Gründe für die Trennung von der Katze erfahren, vor allem wenn es Unsauberkeit oder andere Verhaltensprobleme sind.

Wenn eine scheue ängstliche Katze den Stress im lauten Kinderhaushalt nicht aushält und deshalb unsauber ist, macht es keinen Sinn, wenn Sie diese Katze in ihren eigenen lauten Kinderhaushalt übernehmen, auch wenn sie Ihren Kindern noch so gut gefällt.

Als einfache Grundregel gilt Folgendes: Je ähnlicher der Haushalt dem Ihrigen ist und die Katze sich dort wohlgefühlt hat, desto schneller gewöhnt sie sich bei Ihnen ein.

Hatte eine Katze mit ihren bisherigen Besitzern und Haltungsbedingungen ein Problem, dann wird sie vermutlich auch in Ihrem Haushalt dieselben Probleme haben, wenn die Lebensumstände ähnlich sind.

Über das Vorleben von Tierheimkatzen lässt sich leider meist nur wenig bis gar nichts in Erfahrung bringen. Trotzdem gibt es viele schöne Gründe, sich eine Secondhand-Katze aus dem Tierheim zu holen. Sie finden dort eine sehr große Auswahl von Katzen aller Altersgruppen, Farben und Charaktertypen. Sie können sich viel Zeit nehmen und das Verhalten gegenüber Menschen, anderen Katzen und Hunden beobachten und der überwiegende Anteil der Katzen ist auch schon kastriert. Mitleid ist keine gute Basis für die Wahl einer bestimmten, besonders armen Katze – vor allem dann, wenn es nicht mit einem großen Maß an Wissen, Erfahrung, Zeit und Geld kombiniert ist. Vorrangig sollte immer das Wohl der Katze sein – und für manche Katzen kann der Aufenthalt in einem gut geführten Tierheim besser sein als das Zusammenleben mit einem überforderten Katzenbesitzer, der nur sein eigenes Unwohlsein angesichts der „vielen armen Katzen" beseitigen wollte.

Zusammenfassend kann man sagen, der größte Vorteil einer Katze aus zweiter Hand ist, dass sie meistens erwachsen und in ihrer Persönlichkeit bereits ausgereift ist. Ohne Schwierigkeiten können Sie schon nach kurzer Zeit herausfinden, ob Ihnen die Katze sympathisch ist und umgekehrt.

Gibt's den kleinen Unterschied bei der Katze?

Die Antwort ist eindeutig: Ja!

Natürlich gibt es sowohl im Verhalten gegenüber dem Menschen als auch gegenüber Artgenossen gewisse Unterschiede zwischen Kater und Kätzin, die wichtigsten Unterschiede finden sich klarerweise im Fortpflanzungsverhalten – und das ist bei kastrierten Katzen nicht mehr existent. Übrigens gibt es, außer wenn man züchten will, keinen einzigen Grund, eine Katze nicht kastrieren zu lassen. Kastrierte Katzen bleiben in ihrem grundlegenden Wesen männlich oder weiblich – die entscheidende Entwicklung hat schon durch den Hormoneinfluss während der Trächtigkeit stattgefunden.

Egal, ob in der reinen Wohnungshaltung oder mit Freilauf, *jede* Katze (ausgenommen natürlich gesunde Zuchtkatzen) sollte kastriert werden – es erhöht nachweislich die Lebenserwartung und erspart ihr/ihm ein Leben in ständiger sexueller Frustration. Wenn Sie jetzt noch Zweifel haben, nimmt Ihnen Ihr Kater spätestens dann die Entscheidung ab, wenn er in Ihrer Wohnung mit seinem intensiv duftenden Harn seine Kontaktanzeigen plakatiert. Und Ihre Kätzin wird nächtelang ihre dringlichen Bedürfnisse in den Innenhof der Wohnsiedlung jaulen und nach einiger Zeit Zysten an den Eierstöcken bekommen, an Appetitlosigkeit leiden und möglicherweise sogar ihr schönes Haarkleid verlieren.

Also, wenn Ihnen etwas an der Gesundheit und dem Wohlbefinden Ihrer Katze und an einem harmonischen Zusammenleben liegt, gibt's an der Kastration keinen Weg vorbei. Über den besten Zeitpunkt für diesen Eingriff können Sie mit Ihrer Tierärztin sprechen – prinzipiell könnten Katzenkinder schon sehr früh ab der 8. bis 10. Woche kastriert werden. Das ist eine dringende Notwendigkeit im Rahmen der Vermehrungskontrolle von herrenlosen Katzen.

Aber auch kastrierte Katzen zeigen geschlechtsspezifische Verhaltensunterschiede: Bereits mit 14 Wochen unterscheidet sich das Spiel von Katern ganz deutlich von dem kleiner Katzenmädels. Jungkater – und erwachsene erst recht – balgen und kämpfen gerne und ausdauernd miteinander und nützen jede Gelegenheit, sich gegenseitig aus dem Hinterhalt zu überfallen. Da kann es schon ziemlich grob zugehen, und viele Kater sind, sofern Sie das zulassen, auch in Kampfspielen mit Ihnen hemmungslos beim Zubeißen. Das macht sie dafür aber auch etwas toleranter, wenn Kinder einmal fester zupacken und manche lieben es sogar, wenn man sie richtig durchknetet und fest knuddelt. Kater sollten umso früher kastriert werden, je unerwünschter diese katertypischen Grobheiten sind – insbesondere, wenn ein friedliches Zusammenleben mit anderen, sensibleren Katzen in der Wohnung wichtig ist.

Im Gegensatz dazu spielen junge Kätzinnen wesentlich mehr mit Objekten und üben an jedem noch so kleinen Irgendwas ihre jagdlichen Fähigkeiten. Zarter Körperkontakt wie Streicheln und leichtes Kraulen ist ihnen deutlich lieber als festes Knuddeln und manche reagieren sehr empfindlich, bisweilen sogar zickig, auf zu direkten Körperkontakt.

Natürlich gibt es manchmal unter den Katern richtige Softietypen, die sehr fein und zart spielen, ebenso wie es unter den Katzenmädels auch richtig harte „Rowdys“ gibt. Das kann mit den Wurfgeschwistern zusammenhängen, denn eine kleine Kätzin unter vier raubeinigen Brüdern ist schon etliches gewöhnt und hat ihr Verhalten angepasst. So wie auch ein Jungkater sehr viel vorsichtigeren Umgang lernt, wenn er spielen will und ihm seine Schwestern ständig aus dem Weg gehen, weil er grob ist.

Insgesamt kann man sagen, dass Kater im Allgemeinen wesentlich mehr Selbstvertrauen haben und dadurch Ihnen und anderen Katzen gegenüber selbstsicherer auftreten.

Aller guten Katzen sind eine, zwei … oder noch mehr?

Sie haben sich nun fast für eine Katze entschieden – auf jeden Fall wissen Sie schon ungefähr, wie Sie sich das Zusammenleben mit ihr vorstellen. Aber halt:

Eine wichtige Überlegung steht noch an. Wie viele Katzen wollen Sie in Ihrer Familie aufnehmen?

Sie denken jetzt vielleicht: Natürlich nur eine. Bei dem Aufwand, den ich Ihnen schon aufgezählt habe – und der noch kommt – reicht das doch aus. Für Sie möglicherweise, aber auch für Ihre Katze?

Gehen wir einmal die Vor- und Nachteile des Zweikatzenhaushalts gemeinsam durch und entscheiden Sie dann.

Beginnen wir mit den Nachteilen: Zwei Katzen fressen zweimal so viel, brauchen mehr Katzenstreu und müssen beide ausreichend medizinisch betreut werden. Das verursacht in jedem Fall einen finanziellen Mehraufwand, den Sie berücksichtigen müssen. Sie brauchen aber im Normalfall nur einen Katzentransportkäfig; Kratz- und Klettermöglichkeiten und Fenstergitter müssen Sie ohnehin auch für eine einzelne Katze anschaffen.

Welche Vorteile haben Sie nun für diesen relativ geringen Mehraufwand?

Die Zuneigung, die Sie von den Katzen bekommen, verdoppelt sich – mindestens! Den Spaß können Sie ungefähr mal vier nehmen – mindestens! Die Sorgen und der Ärger bleiben gleich, ob nun eine oder zwei Katzen Unfug machen. Es ist sogar eher so, dass zwei Katzen, die ihre Jagd- und Spielbedürfnisse miteinander ausleben können, wesentlich ausgeglichener sind und weniger Schaden anrichten. Und da kommen wir auch schon zu den Vorteilen für die Katze: Kein Mensch kann alle sozialen und katzentypischen Bedürfnisse erfüllen – und wenn er noch so viel Zeit hat. Und wer kann schon seiner Katze so viel Zeit widmen, wie das eine Partnerkatze tun würde?

Katzen sind, mit sehr wenigen Ausnahmen, ganz und gar nicht diese unabhängigen Einzelgänger, als die sie immer wieder dargestellt werden. Vielmehr sind sie ausgesprochen kontakt- und spielfreudige, intelligente und lernfähige Jäger.

Und deswegen ist auch Ihre Sorge, dass Sie für Ihre Katze unwichtig werden könnten, wenn sie eine Partnerkatze hat, absolut unberechtigt. Ganz im Gegenteil. Sie leben mit zwei Katzen, die sich wohl fühlen und die Ihnen das auch deutlich zeigen!

Das nachträgliche Zusammengewöhnen von Katzen, die längere Zeit in Einsamkeit verbracht haben, kann schwierig, stressig und mitunter unmöglich werden. Daher ist der einfachste Weg, bereits zwei Katzen gleichzeitig oder sehr knapp hintereinander zu nehmen. Das können Wurfgeschwister sein oder auch zwei gut sozialisierte Katzen aus verschiedenen Haushalten. Wie und ob man Kater und Kätzin miteinander kombinieren soll/kann, ist eine schwierige Frage. Da ja ohnehin alle kastriert werden, ist das Problem mit dem Nachwuchs kein wirkliches Kriterium. Ich empfehle eher gleichgeschlechtliche Kombinationen, also Kater mit Kater und Kätzin mit Kätzin, weil das Spiel- und Kontaktverhalten, wie im vorigen Abschnitt besprochen, besser harmoniert. Das heißt aber nicht, dass nicht auch Bruder und Schwester oder andere Paare friedlich miteinander leben können.

Auch hier gilt, dass letztendlich die individuelle Persönlichkeit der Katze entscheidend ist und die Katzen in Temperament und Selbstsicherheit gut zusammenpassen sollen.

Wenn Sie einer älteren sozialen Katze, deren Partnerkatze gestorben ist, wieder einen Gefährten bringen wollen, sollten Sie ein paar wichtige Dinge beachten: Eine verstorbene Katze kann nicht einfach durch eine x-beliebige andere Katze ersetzt werden. Katzen lieben ihre Lebensgefährten ähnlich individuell wie wir Menschen und akzeptieren nicht jeden Ersatz. Katze ist nicht gleich Katze! Außerdem sollten Sie eine gewisse Phase der Trauer und Verwirrung abwarten – auch Katzen leiden darunter. Der Stress mit einem unbekannten, neuen Mitbewohner ist da nicht unbedingt hilfreich.

Eine annähernd gleichaltrige und soziale Katze finden Sie sicher im Tierheim – erbitten Sie in jedem Fall ein Rückgaberecht, für den Fall, dass die Katzen nicht zusammenpassen. Es klingt zwar brutal und herzlos, eine Katze „umzutauschen", aber das ist immer noch besser, als zwei Katzen, die sich nicht mögen, zum Zusammenleben zu zwingen.

Die zweite Möglichkeit, Ihrer allein stehenden sozialen Katze ein Jungtier zu bringen. Manche Katzen lieben „Babysitterjobs" und sorgen hinreißend für Katzenkinder – vor allem Kater spielen gerne guter Onkel und lassen sich sogar an ihren winzigen Zitzen benuckeln.

Ein halbstarkes Katzenkind kann aber einer älteren Katze auch sehr lästig werden und sie zieht sich ängstlich zurück, um dem kleinen Quälgeist zu entkommen. In diesem Falle und bei sehr großem Altersunterschied sind paradoxerweise zwei Katzenkinder besser: Sie spielen mehr miteinander und die alte Katze hat ihre Ruhe.

Zusammenfassend folgende Grundregeln:

* Bei reiner Wohnungshaltung sollten Sie grundsätzlich und von Anfang an zwei Katzen haben – wenn Ihnen das Wohlbefinden der Katze wichtig ist.
* Man sollte nie mehr Katzen halten, als Räume in der Wohnung und Hände zum Streicheln zur Verfügung stehen.

Und nun endlich: Wie sucht man eine Katze aus?

Mir ist natürlich völlig klar, dass Sie wahrscheinlich fast alles, was Sie bisher gelesen haben und was nun noch kommt, schlagartig vergessen, wenn Sie einem wuseligen Katzenkind begegnen und am Ziel Ihrer Träume sind.

Dennoch hoffe ich, dass Sie für kurze Momente rationale Entscheidungen treffen werden, auch wenn es angesichts der emotionalen Begeisterung schwerfällt.

Immerhin geht es aber – sagen wir einmal – um fünfzehn oder zwanzig Jahre Zusammenleben mit einem neuen Familienmitglied. Eine durchschnittliche Ehe hält heutzutage nicht mehr so lange, wie Sie mit Ihrer Katze zusammenwohnen werden. Diese Verantwortung sollten Sie bei Ihrer Entscheidung nicht außer Acht lassen.

Nun also: Sie stehen mit Herzklopfen vor einer Tür, nachdem Sie sich telefonisch angekündigt haben, und wollen sich ernsthaft ein zu Ihnen passendes Katzenkind aussuchen.

Alle wichtigen Fragen sind auf einer Checkliste aufgeschrieben, und den Katzentransportkäfig haben Sie schon bei sich.

Ab jetzt können Sie alles Gelesene praktisch anwenden und sich ein Gesamtbild vom Umfeld und von Ihrer Katze machen:

Wer empfängt Sie an der Tür? Eine gestresste Mutter mit Säugling auf dem Arm, zwei streitende Kinder im Hintergrund, Geschrei und Chaos – fast wie bei Ihnen? Super!

Eine ältere Dame in leisen Filzschuhen, die Sie flüsternd zum Eintreten auffordert? Super! Aber nur wenn Sie auch so ein leises und beschauliches Leben führen.

Vergleichen Sie das familiäre Umfeld – je ähnlicher es Ihrem eigenen ist, desto besser passt ein Kätzchen aus diesem Haushalt zu Ihnen.

Verschwinden bei Ihrem Erscheinen schlagartig alle kleinen Katzen unter irgendwelchen Möbeln und die Familienmitglieder versuchen sie mit Mühe wieder hervorzuzerren? Dann nehmen Sie innerlich schon einmal ein wenig Abstand von diesen Kätzchen – sie sind zumindest nicht gut auf verschiedene Menschen sozialisiert und werden diese Ängste weitgehend behalten. Bleiben Sie ruhig sitzen und warten ein paar Minuten, ob sie wieder hervorkommen und neugierig werden. Wenn nicht – verabschieden Sie sich und verzichten Sie auf diese Kätzchen – außer Sie wollen eine scheue, ängstliche Katze, die ihr Leben überwiegend unter dem Bett oder Schrank verbringt.

Erscheinen die kleinen Katzen nach einiger Zeit wieder und beginnen vorsichtige Kontakte mit Ihnen, probieren Sie es mit zarter Spielaufforderung – ein kleines Raschelpapier oder eine Schnur genügen schon.

Beobachten Sie auch das Verhalten der Katzenmutter: Ist sie ebenfalls verschwunden oder Ihnen gegenüber sehr distanziert – dann sehen sie bereits, was die Jungkatzen von ihr gelernt haben und wie sich Ihre Katze später verhalten wird.

In all diesen Fällen sind die Kätzchen mangelhaft sozialisiert und nicht so kontaktfreudig und aufgeschlossen, wie es problemlose Wohnungskatzen sein sollten.

Sind Sie schon nach wenigen Minuten Anwesenheit der absolute Mittelpunkt und umringt von Katzen? Zwei schnüffeln aufgeregt an Ihren Schuhen und eines klettert sogar schon an der Hose bis zum Knie hoch?

Die Katzenmutter streicht an Ihren Beinen lang und der Hund gestattet den Katzenkindern das Spiel mit seinem wedelnden Schwanz? Die Kinder bringen Ihnen nacheinander schnurrende Katerchen und beschreiben sie auch gleich mit „Das ist der faule Willi und das ist der rote Michi, der immer so viel beißt beim Spielen“?

Machen Sie es sich hier gemütlich und fragen Sie nach den wichtigen Dingen: Wann sind sie geboren ... welche Katzenkinder sind noch zu haben ... ist der Katzenpapa vielleicht bekannt ... was fressen sie und wie oft ... sind sie schon entwurmt ... vielleicht sogar geimpft ... welche Impfungen hat die Katzenmutter ... welche Marke Katzenstreu wird verwendet ... waren sie schon im Garten ... sind Impfkosten zu bezahlen ...

Unterdessen beobachten Sie die Kleinen beim Spiel – obwohl es anfangs so aussieht, als wären alle gleich aktiv, gibt es doch Unterschiede. Kämpferische Grobiane und zurückgezogene Einzelgänger, forschende Intellektuelle an Ihrem Schuh und ausdauernde Schläfer.

Nach einer Weile nehmen Sie sich einen Zwerg nach dem anderen und sehen, wie lange er bei Ihnen bleibt.

Richtige Schmusekatzen bleiben schon als Jungtiere nach kurzer Zeit der unruhigen Neugier gerne liegen und genießen schnurrend das Streicheln und Kraulen. Kontaktfreudige, aktive Katzen schnurren lautstark, müssen aber ständig auf Ihnen auf- und abklettern und bieten Ihnen mit aufgestelltem Schwanz den Popo zur Geruchskontrolle – mehr Vertrautheit kann Ihnen eine Katze nicht entgegenbringen.

Kleine Katzen, die nicht bei Ihnen bleiben wollen und sich ständig wieder davonwinden, um ein neues Jagdspiel zu beginnen, werden auch als große Katzen sehr wahrscheinlich keine verschmusten Streichel-, sondern aktive und selbstständige Spielkatzen.

Und schließlich testen Sie noch die Toleranz und Abwehrbereitschaft der kleinen Tiger:

Legen Sie ein Kätzchen sanft auf die Seite oder den Rücken und streicheln Sie es ganz leicht am Bauch,

zwischen den Hinterbeinen und an der Rückseite der Hinterbeine. Die meisten Katzen mögen es nicht gerne, wenn man sie dort streichelt, und sie versuchen das irgendwie zu verhindern. Solange sie noch klein sind, putzt nämlich die Katzenmutter mit ihrer rauen Zunge den Analbereich ihrer Babys und legt sie dadurch trocken. Je älter die Katzenkinder aber werden, umso mehr wehren sie sich gegen diese fürsorgliche Putzerei – schließlich können sie ja jetzt schon allein aufs Kistchen gehen.

Schauen Sie, was passiert, wenn Sie das machen (natürlich ohne Zunge): Manche Katzen sind entspannt und genießen Streicheln – egal wo. Tolerante Katzen beginnen sich zu winden, versuchen sich Ihnen wie Kaugummi zu entziehen und quietschen eventuell dabei. Etwas wehrhaftere treten mit den Hinterbeinen und versuchen zu kratzen. Und richtige Giftzwerge setzen alle ihre Waffen ein: Fauchen, Kratzen und Beißen. Je schneller und massiver eine junge Katze darauf reagiert, desto schwieriger ist der Umgang mit ihr.

Diesen Toleranztest können Sie auch mit erwachsenen Katzen durchführen – er gibt sehr schnell Aufschluss darüber, wie leicht eine Katze zu irritieren ist und wie heftig sie darauf reagiert.

Eine zweite Testmöglichkeit ist das Hochheben an einer Hautfalte im Genick. Katzenkinder werden von ihrer Mutter anfänglich am Kopf erfasst und getragen. Wenn sie schwerer sind, schleift sie die Katzenmutter zwischen ihren Vorderbeinen nach, indem sie diese Hautfalte am Genick packt. Damit sie nicht mit Beute verwechselt werden, hängen die Katzenkinder dabei ganz schlaff und bekommen einen leicht belämmerten Gesichtsausdruck. Kater benützen den Nackenbiss, um die Kätzin beim Deckakt festzuhalten

und manchmal auch gegenüber anderen Katzen. Die meisten erwachsenen Katzen schätzen es nicht besonders, wenn man sie an dieser Nackenfalte festhält. Sie tolerieren es aber, ducken sich und halten still, wenn sie nicht allzu leicht zu irritieren sind. Erwachsene Katzen heben Sie bei diesem Test nicht hoch, sondern halten sie nur auf diese Weise fest.

Wenn Sie also den kleinen Katzenzwerg an der Hautfalte hochheben, wird er sofort ganz schlaff und bekommt diesen leicht dümmlichen Gesichtsausdruck.

Er respektiert Sie wie seine Mutter und ergibt sich seinem Schicksal. Gut so – da Sie ja in Zukunft wie eine Katzenmutter für ihn sorgen werden und ihn dabei auch manchmal kurzfristig fixieren müssen.

Manche kleinen Katzen wehren sich bereits mit 8 Wochen gegen diese Bevormundung. Sie schreien, fauchen, kratzen und beißen, sobald sie nur irgendwie festgehalten werden.

Als erwachsene Katzen sind sie noch um vieles wehrhafter und das Zusammenleben mit ihnen geht gut – solange Sie sie nicht frisieren wollen, Tabletten eingeben müssen oder andere kleinere Pflegemaßnahmen wie Ohrenreinigung notwendig sind.

Vor allem bei kleinen Perserkatzen und anderen Langhaarrassen sollten Sie die Toleranz gegenüber Pflegemaßnahmen wirklich ausgiebig testen. Sonst wird jegliches Kämmen zum Kampfeinsatz und Sie müssen Ihrer wunderschönen Perserkatze die Filzmatte mehrmals im Jahr unter Vollnarkose beim Tierarzt abrasieren lassen.

Für erwachsene Katzen (z. B. im Tierheim) gilt sinngemäß das Gleiche wie für Jungkatzen. Nehmen Sie sich Zeit und geben Sie auch den Katzen Zeit, mit Ihnen Kontakt aufzunehmen.

Setzen Sie sich zu den Katzen und verhalten sich ruhig, während Sie alle nacheinander beobachten. Schauen Sie keiner Katze direkt ins Gesicht oder in die Augen – das ist eine Bedrohung und Sie wollen doch freundliche Kontakte pflegen. Falls Sie eine Katze dennoch genauer betrachten wollen, zwinkern Sie freundlich ganz langsam und mehrmals hintereinander – wenn Sie Ihnen glaubt, zwinkert sie zurück.

Schauen Sie, wo sich die Katzen im Raum aufhalten und wie sie sitzen oder liegen. Kontaktfreudige Katzen kommen auf Sie zu und streichen um die Beine oder hüpfen auf den Schoß und schnurren.

Ängstliche und scheue Katzen sitzen versteckt, haben ganz große Pupillen, die Ohren angelegt und fauchen bei Annäherung. Gestresste oder kranke Katzen haben einen leeren, abwesenden oder in sich zurückgezogenen Gesichtsausdruck und sitzen in einer gespannten, buckligen Haltung.

Zurückhaltende, freundliche Katzen sitzen in einer Ecke, flüchten aber nicht bei vorsichtiger Annäherung und lassen sich gerne und bald entspannt streicheln.

Das Pflegepersonal in einem gut geführten Tierheim kann Ihnen auch meistens ein bisschen Information zur Persönlichkeit der einzelnen Katzen geben und hilft Ihnen bei der Kontaktaufnahme.

Sollte Ihnen der Kontakt zu den Katzen oder die Beratung verweigert werden, überlegen Sie gut, ob Sie sich mit einem Blick durchs Käfiggitter eine langjährige harmonische Katzenbeziehung schaffen können.

3 Gefunden

Der erste Weg – zur Tierärztin

Nun haben Sie endlich Ihre Traumkatze. Und bevor Sie mit ihr nachhause fahren, um sie stolz dem Rest der Familie zu präsentieren, machen Sie bitte noch einen Abstecher in Ihre tierärztliche Praxis.

Sie haben Ihr Kätzchen natürlich genau angeschaut, ob es klare Augen, eine saubere Nase und Ohren hat, der Bauch nicht aufgebläht und auch der Analbereich rein ist. Steht ja in jedem guten Katzenratgeber.

Dennoch sollte Ihre Tierärztin noch einen fachkundigen Blick draufwerfen – manche Kleinigkeiten wie Flöhe können sich innerhalb kürzester Zeit in Ihrer Wohnung zu einem großen Problem entwickeln. Ohrmilben sind bei Jungkatzen sehr häufig, verursachen einen starken Juckreiz und sollten deshalb so schnell wie möglich beseitigt werden.

Vor allem Langhaarkatzen sollten auf Hautpilzinfektionen und Milben untersucht werden, weil diese auf den Menschen übertragbar sind.

Selbstverständlich wird Ihr Kätzchen auch auf die Waage gesetzt und entwurmt. Untergewicht und Entwicklungsrückstand können ein Hinweis auf eine angeborene Erkrankung oder mangelhafte Aufzucht sein.

Und: Sie können sich bestätigen lassen, dass Ihr kleiner Kasimir wirklich ein Kater ist und nicht in Karoline umbenannt werden muss!

Über notwendige Impfungen und den optimalen Impfplan für Ihre Katze wird Sie Ihre Tierärztin informieren, wenn sie die Katze untersucht hat und alle, eventuell vorhandenen, Impfpapiere überprüft sind.

Besonders wenn Sie schon eine Katze zuhause haben, ist es angebracht, den Neuling eingehend zu untersuchen und Tests zu machen, damit Sie keine Infektionen wie FeLV oder FIV zu Ihrer gesunden Katze heimbringen.

Es gibt zwar nie eine hundertprozentige Sicherheit, aber Sie sollten alle Möglichkeiten nützen, um Ihre andere Katze zu schützen.

Wenn Ihre Tierärztin ernste Bedenken bezüglich des Gesundheitszustands Ihres Kätzchen hat, ist es besser, Sie wissen das jetzt gleich und nicht erst, wenn Sie mit ihm einige Tage zuhause waren.

Beim Kauf einer Rassekatze sollten Sie im Übrigen immer einen Kaufvertrag abschließen und die Wirksamkeit von einer tierärztlichen Ankaufsuntersuchung abhängig machen.

So, jetzt haben Sie Ihrem Kätzchen auch zum ersten Mal die tierärztliche Ordination gezeigt, Sie haben die Bestätigung, dass es gesund und aufgeweckt ist, und nun geht's wirklich nachhause.

Hurra – endlich ist sie da!

Die erste schreckliche Autofahrt ist vorbei. Das Geschrei Ihrer Katze im Transportkäfig war zum Steinerweichen. Sie haben sie getröstet, aber die Anklagen wurden immer heftiger.

Ein Tipp für die nächste Fahrt: Stellen Sie im Autoradio ein ruhiges Klassikprogramm ein und reden Sie nicht mit Ihrer Katze – das Protestgeschrei nach Amnesty International wird nur noch lauter und heftiger, weil Sie offensichtlich noch immer nicht verstanden haben oder es vielleicht überhört haben könnten.

Aber jetzt endlich haben Sie es geschafft: Ihre Katze zieht bei Ihnen zuhause ein.

Einen Moment noch – bevor Sie eilig Ihr Tierchen aus seinem Transportgefängnis entlassen – ein Rundumblick: Ist die Eingangstüre versperrt? Sind alle Fenster und Balkontüren geschlossen? Alle kleinen Schlupfwinkel, in denen kleine Katzen verschwinden können, verbarrikadiert? Zumindest ein Katzenklo schon bereitgestellt? Andere Katzen vorerst sicher eingesperrt? Der Hund unterwegs beim Spaziergang?

Dann ist alles o. k., Sie können den Transporter öffnen und Ihren Familienzuwachs willkommen heißen.

Setzen Sie sich irgendwo gemütlich hin, lehnen Sie sich entspannt zurück, stellen Sie das Rauchen ein und bleiben Sie auf Ihrem Platz sitzen.

Für kleine Katzen geben Sie vorerst nur Teile der Wohnung zur Besichtigung frei. 40 bis 50 Quadratmeter reichen fürs Erste vollkommen aus und entsprechen dem natürlichen Aktionsraum eines Kätzchens. Es wandert jetzt vielleicht mit aufgestelltem und vor Aufregung zitterndem Schwanz dahin, gibt laufend etwas kläglich-unsicher klingende Miaus von sich. Das sind Kontaktrufe, die so in etwa folgenden Inhalt haben: „Hallo Mami, ich bin daaa! Wo bist du? Kannst du mich hören?" Sie können nun die Rolle der Katzenmutter übernehmen und antworten leise mit seinem Namen, falls es schon einen hat. Manche Katzen erarbeiten sich ihren Namen allerdings erst im Laufe der Zeit und heißen dann möglicherweise ein Leben lang: „Lassdas".

Wichtig ist einfach, dass Sie der Katze bei der Standortbestimmung und Orientierung helfen, indem Sie einen leisen, freundlichen Ton als Antwort von sich geben.

Erwachsene Katzen untersuchen auf ihrem Rundgang zuerst die unterste Ebene der Wohnung und machen den zweiten Durchgang dann auf der nächsten Ebene. Also von der Fensterbank auf die Lehne der Sitzgarnitur, kurz bei Ihnen vorbei und weiter aufs Bücherregal.

Neugierig beobachten Sie, wie Ihre Katze an allem schnuppert, ununterbrochen aufhorcht und manches prüfend-durchdringend betrachtet. Und während dieser Expedition fragen wir uns einmal, wie eine Katze ihre Umgebung wahrnimmt. Mit ein bisschen Fantasie können Sie sich jetzt in eine völlig andere Welt begeben.

Wie erlebt eine Katze ihre Umgebung?

Beginnen wir mit dem **Sehen**. Katzen haben ein sehr viel größeres Blickfeld als der Mensch und sie können fast so gut räumlich sehen wie wir. Das hängt mit den relativ großen Augen zusammen, die einen weiten Bereich zur Seite überblicken, aber auch einen breiten Überschneidungsbereich vor der Katze haben. In diesem binokularen Feld sieht die Katze 2–6 m vor sich sehr scharf und kann kleinste Bewegungen erkennen. In den Randbereichen seitlich davon ist die Wahrnehmung für die Katze eher unscharf, aber Bewegung wird immer noch gut gesehen. Und ganz knapp vor ihrer Nase sieht sie gar nichts – hier übernehmen die Tasthaare die Vermittlung von Informationen.

Geradezu sprichwörtlich ist die Sehfähigkeit der Katze in der Nacht. Der Mensch benötigt dafür aufwändige Nachtsichtgeräte, während die Katze bereits von Natur aus einen Restlichtverstärker in ihrem Augenhintergrund hat. Diese (meistens) blaugrün leuchtende Reflexschicht kann aber nur für bessere Lichtausnützung sorgen und hilft bei vollkommener Finsternis auch nichts.

In welcher Art und Intensität Katzen Farben wahrnehmen können, ist nicht endgültig geklärt. Völlig farbenblind sind sie aber sicher nicht. Die meisten Katzen bevorzugen ganz eindeutig rot. Allerdings ist die genaue Farberkennung bei der Jagd nach grauen Mäuse auf brauner Erde im Morgengrauen nicht besonders wichtig.

Da trägt ein gutes **Gehör** viel mehr zur erfolgreichen Jagd bei. Vor allem in den oberen Tonlagen übertreffen die Hörfähigkeiten der Katze unsere und auch die der Hunde bei Weitem.

Mit ihren weiten, beweglichen Ohrmuscheln kann eine Katze außerordentlich gut räumlich hören. Wir können nur sehen, wenn eine kleine Maus vor uns ihren Sitzplatz 10 cm weiter nach rechts verlegt. Katzen können dieses „Bild“ auch hören, weil sie ganz winzige Abweichungen in der Tonhöhe und der Herkunft eines Geräuschs unterscheiden können.

Katzen finden sich in ihrer Umwelt nicht nur mit den Augen, sondern auch mit Geräuschbildern zurecht. Um sich daran orientieren zu können, müssen sie aber ein paar Wochen Gelegenheit zum „Einhören und Programmieren" haben. Daher sollten sich Freilaufkatzen in der Eingewöhnung für ein paar Wochen mit der Geräuschkulisse vertraut machen.

Eine weitere Möglichkeit, sich bei schwachem Licht zurechtzufinden, ist der **Tastsinn**. Am Kopf und an der Rückseite der Vorderpfoten hat die Katze zahlreiche bewegliche Tasthaare. Jedes einzelne ist mit einer eigenen Nervenfaser verbunden und reagiert auf leisesten Kontakt, ja sogar auf feine Luftströmungen.

Die weichen und geschmeidigen Pfotenballen reagieren sehr empfindlich auf Druck und Erschütterungen, sind aber nicht so empfänglich für Hitze und Kälte. Das bedeutet, dass Katzen relativ lang auf der heißen Herdplatte stehen, bis sie es bemerken und andererseits, dass sie auch im Schnee barfuß gehen können. Ihre Pfoten verwenden Katzen auch ganz gezielt, um unbekannte Dinge zu untersuchen und zu betasten.

Der einzige Wärmesensor, den Katzen besitzen, ist ihre Nase. Nur mit dem Nasenspiegel können sie erkennen, dass eine Kerzenflamme heiß ist. Und bis sie die Hitze spüren, sind die Tasthaare auch schon gekräuselt. Wenn sie einmal die Erfahrung mit der heißen Herdplatte gemacht haben, überprüfen Katzen die Temperatur mit der Nase oder sie lernen, auf die rote Restwärmeanzeige zu achten.

Eine ganz große Bedeutung – vermutlich die wichtigste überhaupt – im Katzenerleben hat der **Geruchssinn**. Ein guter Teil der Kommunikation mit anderen Katzen läuft über Geruchsbotschaften, die an bestimmten Punkten hinterlegt werden. Da wir Menschen im Vergleich zur Katze nur mehr in viel bescheidenerem Maß Gerüche wahrnehmen können, fällt uns diese Vorstellung vielleicht am schwersten. Ich denke, es geht am leichtesten, wenn wir Gerüche in unserer Vorstellung in Farben umwandeln – Gerüche sind für die Katzenwelt so wichtig wie für uns Farben.

Stellen Sie sich einfach vor, der ganze Raum vor Ihnen ist mit durchsichtigen verschiedenfarbigen Nebelschwaden erfüllt und an manchen Punkten gibt es aufleuchtende intensive Farbspots und Graffiti. So ungefähr sieht wahrscheinlich die Geruchswahrnehmung für die Katze aus.

In sehr engem Zusammenhang mit der Geruchswahrnehmung steht auch der **Geschmackssinn**. Ein unbekanntes Futter wird zuerst beschnuppert, dann gekostet und dann erst gefressen. Theoretisch haben Katzen eine Geschmackswahrnehmung für salzig, sauer und bitter, aber nicht für süß. In der Praxis widerlegen das zahlreiche Katzen, die schon von klein auf mit großer Zielstrebigkeit hinter Schokolade (die im Übrigen für Katzen giftig ist) und anderen Süßigkeiten her sind.

Das Fett in der Nahrung überprüft die Katze mit ihrem Geruchsinn, und die Art und Frische von Protein eher mit dem Geschmackssinn.

Und noch etwas: Der Geschmackssinn von Katzen ist so fein, dass für sie sogar Wasser nach „etwas" schmeckt und nicht einfach geschmacklos ist.

Eine besondere Wahrnehmung von Geruch – und zwar die von Pheromonen – ermöglicht das **Vomeronasal-Organ**. Durch zwei winzig kleine Öffnungen hinter den Schneidezähnen im Oberkiefer wird Luft mit der Zunge hineingefächelt. Während die Duft-Analyse läuft, bleibt die Katze mit offenem Mund und komischem Gesichtsausdruck sitzen – sie flehmt. Informationen aus dem Vomeronasal-Organ gelangen nicht bis zur Hirnrinde, das heißt, sie bleiben für die Katze unbewusst, beeinflussen aber die Emotionen ganz wesentlich.

Nachdem Sie nun den ersten Schritt in die Erfahrungswelt Ihrer Katze gemacht haben, kommt nun der zweite. Ein bisschen

Fremdsprache. Sie wollen sich ja auch irgendwie mit Ihrer Katze verständigen. Das geht nur, wenn Sie ihre Sprache in Grundbegriffen gelernt haben.

Aber keine Sorge – es ist nicht so schwierig. Und das Zusammenleben macht viel mehr Spaß, wenn man sich gut miteinander verständigen und unterhalten kann.

Smalltalk mit Katzen

Es wäre natürlich verwegen, zu behaupten, dass wir alles verstehen könnten, was Katzen einander oder uns so mitteilen. Dazu fehlen uns, wie wir im vorigen Abschnitt gesehen haben, einfach die technischen Möglichkeiten, weil unsere Nase oder Ohren eben nicht so fein eingestellt sind. Auch für das Erkennen von ganz feinen und schnellen optischen Signalen sind wir Menschen zu langsam und meistens zu unachtsam.

Aber wir können uns trotzdem bemühen, wenigstens die Grundprinzipien der Verständigung mit Katzen zu erkennen und auch anzuwenden. Let's talk Cat!

Aus Ihrer Schulzeit wissen Sie schon – Fremdsprachen kann man nicht gut aus Büchern lernen, sondern am besten, indem man sich in dem Land aufhält, wo diese Sprache gesprochen wird. Das bedeutet, dass Sie von Ihrer eigenen Katze am besten und schnellsten lernen werden.

Aber – ein wenig Grammatik muss sein. In diesem Kapitel lernen Sie die Struktur der Katzensprache und mit Ihrer Katze können Sie dann die Vokabeln pauken. Auch wenn es für Sie momentan vielleicht unglaublich klingt: Viele Katzen erarbeiten sich mit ihren Besitzern einen eigenen Wortschatz. Diese „mi“ und „mrau“ und „mjiauooooo“ verstehen dann nur Sie und Ihre Katze – für andere Katzen wären diese Gespräche wahrscheinlich völlig unverständlich.

Untereinander verständigen sich Katzen sowieso mehr über ihre Körpersprache und Gerüche.

Ganz grob vereinfacht kann man die Mitteilungen von Katzen in zwei große Bereiche unterteilen:

* einerseits sind da alle Botschaften, die den Abstand zu anderen Katzen oder zu Ihnen vergrößern sollen und
* andererseits solche, die den Kontakt zu anderen Katzen oder mit Ihnen fördern sollen.

Katzen bevorzugen deutliche Drohungen, eindeutige Warnungen, und vermeiden im Allgemeinen Kampfeinsätze und Prügelei durch geordneten Rückzug oder Flucht – wenn sie die Möglichkeit dazu haben. Für Sie als Besitzer ist es also wichtig, diese subtilen, aber eindeutigen Warnungen frühzeitig zu erkennen und Ihre Hände von der Katze zurückzuziehen. Katzen sind nicht falsch – wie vielfach behauptet wird – Menschen missverstehen einfach ihre Sprache.

Schauen wir uns nun einmal an, mit welchen Mitteln sich Katzen überhaupt mitteilen können.

Die **Stimme**: Das ist sicher die Art von Mitteilungen, die Ihnen am besten verständlich ist. Wir Menschen sind einfach sehr sprachorientiert. Für Katzen hat die Kommunikation mit der Stimme eher untergeordnete Bedeutung, außer für die Partnersuche und die Aufzucht der Katzenkinder. Manche Besitzer hören von ihrer Katze ein Leben lang fast gar nichts und meinen, sie wäre stumm. Im Gegensatz dazu können Siamesen mit ihrer Dauerquasselei manchmal nervend sein. Wie häufig und intensiv sich eine Katze stimmlich äußert, hängt auch mit der Bestätigung zusammen, die sie dafür bekommt.

Die bekannteste und vor allem beliebteste Lautäußerung ist das *Schnurren*. Sie haben schon gehört: Eine Katze, die schnurrt, fühlt sich wohl. Das stimmt. Allerdings nicht ausschließlich. Katzen schnurren auch, wenn sie Schmerzen haben oder um zu beschwichtigen, wenn sie sich unsicher, ängstlich oder bedroht fühlen. Sehr selbstbewusste Katzen schnurren, wenn sie sich befreundeten ängstlichen Katzen nähern. Und natürlich schnurren Kätzinnen während der Geburt und Säugeperiode, um ihren Kindern (die nach 2 Tagen auch schon schnurren können) Sicherheit und Geborgenheit zu vermitteln. Sie werden sehen, das wirkt auch bei Ihnen.

Eine weitere freundliche Lautäußerung ist das *Gurren*. Es klingt wie ein angerolltes Miau: „mrrrau“ oder auch „brrrrt“. Katzenmütter rufen so ihre Kinder, und Kätzinnen wie Kater gurren sich während des Paarungsspiels ziemlich ausdauernd an. Erwachsene Katzen verwenden das Gurren häufig als Begrüßung für ihre Besitzer.

Und dann gibt es natürlich alle möglichen Varianten von leise gepiepstem bis frech gegröltem *Miauen*. Das klingt bei jeder Katze anders. Die Bedeutung reicht vom schüchternen „bitte, ich hätte jetzt Hunger“ über „na endlich, ich bin dem Hungertod nahe“ bis zu „mir ist so langweilig, warum spielt keiner mit mir“. Das hängt davon ab, auf welche Tonart Sie sich mit Ihrer Katze geeinigt haben.

In diesem Zusammenhang möchte ich betonen, dass nicht jedes „miip“, das von Ihrer Katze kommt, „Hunger“ bedeutet. Es sei denn, Sie haben im gemeinsamen Wörterbuch jedem Ton Ihrer Katze diese Bedeutung zugeordnet und regelmäßig mit Futter bestätigt.

Einer meiner Kater hat z. B. während einer Invasion ein eigenes „Wort“ für Mehlmotte entwickelt. Wenn, für ihn unerreichbar, irgendwo eine Mehlmotte sitzt, verwendet er einen ganz bestimmten Ton, der exklusiv für Mehlmotten gilt und unverwechselbar ist.

Wenn Katzen Beutetiere sehen, die wie Vögel vor dem Fenster unerreichbar oder wie Wespen gefährlich sind, machen sie *keckernde* oder *schnatternde* Geräusche. Es ist der aufgeregte Ausdruck eines Konflikts, in den die Katze gerät: Das wäre eine tolle Beute und ich kann sie nicht haben.

Zur Warnung verwenden Katzen meistens *Fauchen* und *Knurren*. Die Bedeutung ist ganz klar: „Hau ab und lass mich in Frieden, sonst sehe ich mich zu weiteren Verteidigungsmaßnahmen gezwungen.“

Eine dezente Unmutsäußerung ist das *Schnaufen*. Es klingt wie lautes Ausatmen durch die Nase und ist eine Vorwarnung, dass das, was Sie gerade tun, unerwünscht ist.

In argen Schrecksituationen, zur heftigen Abwehr oder im Kampf *spucken* Katzen, um den Gegner massiv zu beeindrucken. Dabei wird in erster Linie ein Luftschwall explosionsartig ausgestoßen.

Während Fauchen und Knurren noch einen mehr defensiven Charakter haben, ist der Übergang von Knurren zu *Jaulen* und *Singen* eine offensive und sehr ernsthafte Drohung. Sie kennen bestimmt diese nächtlichen Gesänge, mit denen sich Kater gegenseitig bedrohen. Erst wenn das nichts bewirkt und der Gegner sich immer noch nicht beeindruckt zeigt, kommt der Kampfeinsatz.

Bei überraschenden Angriffen oder Schmerzen äußern sich Katzen mit einem lauten, durchdringenden *Angst-* und *Schmerzschrei*.

Und dann gibt es bei den Lautäußerungen noch eine Besonderheit: Ein (für uns!) *lautloses Miau*. Es bewegt sich im Ultraschallbereich und Katzenmütter mit ihren Kindern benützen diese Töne, um Kontakt zu halten.

Dieses tonlose Miau bieten Katzen nur wenigen vertrauten Menschen an. Sie sitzen ganz still und schauen nur innig. Manchmal öffnen sie den Mund, als wollten sie etwas sagen. Aber Sie hören nichts, weil das, was sie Ihnen mitteilt, eigentlich unsagbar schön ist.

Probieren Sie es einmal aus, wenn Ihre Katze entspannt auf ihrem Platz ruht. Nehmen Sie Kontakt mir ihr auf. Lassen Sie innerlich alle Unruhe absinken und zwinkern Sie ein paar Mal ganz langsam mit den Augen. Und dann öffnen Sie ganz langsam den Mund und geben ein ganz leises, fast unhörbares „Ächz" von sich. Eigentlich kein wirklicher Ton, mehr ein stummes h. Vielleicht antwortet Ihre Katze, indem sie den Mund öffnet und zu einem Miau ansetzt, aber Sie hören – nichts. Es ist ein Ausdruck inniger wortloser Vertrautheit und Verbundenheit zwischen Ihrer Katze und Ihnen. Aber auch, wenn sie nur kurz mit den Schnurrbarthaaren zuckt oder zwinkert – probieren

Sie es einfach hin und wieder, irgendwann schenkt sie Ihnen dieses lautloses Miau.

Körpersprache: Die Körpersprache von Katzen genau zu beschreiben, ist einigermaßen schwierig. Sie setzt sich nämlich aus vielen einzelnen Bewegungen und Körperhaltungen zusammen. Die Haltung von Kopf, Körper und Schwanz ist die Grundlage, aber die Feinabstimmung geschieht durch die Stellung der Ohren und Schnurrbarthaare, die Größe und Form der Pupillen und ob die Haare glatt anliegen oder gesträubt sind. Katzen untereinander verständigen sich überwiegend mit dieser Körpersprache. Sie sind sehr gut im Erkennen von kleinsten Bewegungen, und diese Art der Kommunikation ist schon auf größere Distanz eindeutig verständlich.

Stellen Sie sich Folgendes vor: Sie sitzen in einem Lokal, und drei Tische weiter beginnt jemand einen Flirt mit Ihnen. Könnten Sie nun alle körperlichen Ausdrucksformen beschreiben, die Ihnen völlig klar vermitteln, dass das ein Flirt ist? Ziemlich schwierig, oder? Und trotzdem verstehen Sie ganz eindeutig, was mit diesem Lächeln, verlängertem Blickkontakt, weiten Pupillen, leichtem Hochziehen einer oder beider Augenbrauen gemeint ist.

So ähnlich sieht das auch in der Körpersprache der Katze aus. Wenn Sie einmal das Gesamtbild erfasst haben, können Sie verstehen, was gemeint ist, ohne darüber nachdenken zu müssen. Um die Bedeutung zu erlernen, ist es aber leichter, das Gesamtbild wie ein Puzzle zu zerlegen.

Die *Pupillengröße* ist ein wichtiger Hinweis auf die Stimmung der Katze. Ängstliche Katzen haben ganz große Pupillen und einen starren Ausdruck in ihren weit aufgerissenen Augen. Den ängstlichen und unsicheren Ausdruck, den ihre Katze auf dem Untersuchungstisch beim Tierarzt zeigt, kommentieren die meisten Besitzer: „Sie ist total beleidigt!"

Abgesehen davon, dass „Beleidigtsein" ein Ergebnis menschlicher Denkart und Wertbegriffe ist, welchen Grund hätte eine

Katze, beim Tierarzt beleidigt zu sein? Ist da nicht Angst viel logischer? Und beim nächsten Impftermin können Sie Ihr Bild „ängstliche Katze“ vielleicht schon vervollständigen: Schwitzpfoten, möglichst klein zusammengekauert und am besten unsichtbar machen, große Pupillen, seitlich flachgelegte Ohren und angelegter Schnurrbart, eingezogener Schwanz.

Katzen mit einem Spielgesicht haben auch große Pupillen. Aber zum Bild der „Spielkatze“ gehören auch die angespannt nach vorne gerichteten Ohren, der Schnurrbart ist in alle Richtungen nach vorne gesträubt, um nur ja nichts zu verpassen. Die ganze Katze ist hochkonzentriert und vielleicht sogar mit wackelnden Hinterbeinen sprungbereit.

Ernstlich und offensiv aggressive Katzen haben kleine schlitzförmige Pupillen. Diese Katzen sind bereit zu kämpfen und das nicht nur zu ihrer Verteidigung. Dieses „Kampfkatzenbild“ ist häufig beim unkastrierten Kater zu sehen: hoch aufgerichteter Körper, aber ohne ausgeprägten Katzenbuckel (der eher bei unsicher-aggressiven Katzen zu sehen ist), der Schwanz wie ein L, dessen senkrechte Linie nach unten gekippt ist, ein schmaler aufgestellter Haarkamm auf dem Rücken. Die Ohren sind wie die Flügel eines Jumbo-Jets schräg nach hinten gestellt. Das sieht höchst bedrohlich aus – und ist es auch!

Die Pupillen verändern sich aber nicht nur mit der Stimmung, sondern auch mit dem Licht: Je heller die Sonne scheint, desto mehr ziehen sich die Pupillen zu schmalen Schlitzen zusammen. Damit ist klar, dass ohne Berücksichtigung des Gesamteindrucks der Katze Missverständnisse nicht ausgeschlossen sind!

Die *Katzenohren* haben neben der Lauschfunktion auch eine sehr wichtige Funktion als Ausdrucksmittel.

Neugierige und freundliche Katzen haben die Ohren nach vorne gerichtet und drehen sie bei Bedarf zum besseren Hören in verschiedene Richtungen.

Ängstliche Katzen legen ihre Ohren ganz flach seitlich an den Kopf, im Extremzustand sind sie so flach angelegt, dass nichts mehr vom Kopf absteht.

Bei aggressiven Katzen liegen die Ohren zwar auch flach, sind dabei aber nach hinten gedreht, sodass man von hinten in die Ohrmuschel hineinsehen könnte. Nicht immer ist die Ohrenstellung ganz eindeutig, weil Katzen unsicher oder unentschieden in ihren Aussagen sind – Angst und Aggression liegen sehr nahe beisammen. Das kommt dann auch in der Mimik der Katze zum Ausdruck.

Ein weiteres, recht einfaches und eindeutiges Stimmungsbarometer ist die *Schwanzhaltung*.

Ein senkrecht oder wie ein Fragezeichen aufgestellter Schwanz ist eine freundliche Begrüßung. Katzenmütter gehen ihren Kindern mit aufgestelltem Schwanz wie Fremdenführer mit Regenschirm voran. Anderen Katzen und Menschen wird zur Begrüßung die Analregion präsentiert – an dieser Stelle dürfen wirklich nur Freunde schnuppern.

Beim Harnmarkieren wird der Schwanz senkrecht gehalten, dabei zittert er und die Katze trippelt mit den Hinterpfoten.

Ängstliche Katzen halten ihren Schwanz eingezogen und unsichtbar am Bauch versteckt.

In neutraler Stimmung oder bei Spaziergängen tragen die meisten Katzen ihren Schwanz hängend, sodass die Spitze gerade nicht am Boden schleift.

Bei Aufregung sträuben sich die Schwanzhaare und bei spielenden Jungkatzen sieht das Ganze dann wie eine Flaschenbürste aus. Offensiv aggressive Katzen tragen ihren Schwanz mit einer typischen Form wie ein L oder U mit der offenen Seite nach unten.

Leichtes Schlagen mit der Schwanzspitz zeigt Unruhe oder geringfügige Erregung an. Je schneller und ruckartiger sich die Schwanzspitze bewegt, desto näher kommt der Zeitpunkt, wo die Katze zum Schlag ausholt.

Heftiges Schwanzwedeln zeigen Katzen in Konfliktsituationen, wenn sie noch nicht wissen, wie sie sich entscheiden sollen.

Ein Mittelding zwischen Angriffs- und Verteidigungshaltung ist der *Katzenbuckel* mit gesträubtem Fell und aufgestelltem Schwanz – selbst kleine Katzen sehen auf diese Art beeindruckend groß aus, und vielfach erfüllt sich ihre Hoffnung, einen Gegner damit auf Distanz halten zu können.

Bei höchster Abwehrbereitschaft drehen sich Katzen seitlich oder auf den Rücken und halten alle 18 Krallen zur Verteidigung bereit. Diese Haltung entspricht nicht der Unter-

werfungshaltung, wie sie Hunde zeigen, und sie stoppt den Angriff anderer Katzen nicht.

Zur Beschwichtigung, und um einen Angriff nicht auszulösen, werden Katzen *bewegungslos*. Jede allzu rasche Bewegung könnte vom Gegner als Zeichen einer Attacke angesehen werden. Daher „frieren" Katzen in solchen Krisensituationen ein und verlassen einen gefährlichen Ort nur im Zeitlupentempo.

Geruch: Das Verteilen von Geruchsbotschaften ist die am meisten unterschätzte und missverstandene Art der Katzen-Kommunikation. Es ist ja auch wirklich nicht ganz leicht zu verstehen. Entweder es stinkt für uns Menschen zum Himmel oder es riecht nach – gar nichts. Katzen produzieren nämlich eine ganze Menge für uns nicht wahrnehmbarer Gerüche – so genannte Pheromone. Sie haben Duftdrüsen an Kinn und Wangen, zwischen den Zehen und an den Ballen sowie an Flanken und der Schwanzoberseite. Zusätzlich hat auch jede Katze ihre eigene Duftnote im Harn, und der Kot wird mit dem Sekret aus den Analdrüsen beduftet. Nach den Auswirkungen kann man drei verschiedene Typen dieser Pheromone unterscheiden: Reviermarkierungen, Alarmierung und Beruhigung.

Nach menschlichen Maßstäben stinkt der Katzenharn, und erst recht der von unkastrierten Katern, einfach penetrant. Aber Katzen finden ihn hoch interessant und

können an einer Harnmarke sogar erkennen, von wem sie stammt und wie alt die Botschaft ist.

Das ist ganz wichtig, wenn man sich unbedingt treffen will, um für Katzennachwuchs zu sorgen. Oder wenn man sich unter gar keinen Umständen treffen will, weil das

Treffen Prügelei bedeuten könnte. Auf diese Art betreiben

Katzen gewissermaßen ein Time-Sharing in ein und demselben Lebensraum.

Harnmarken sind immer sehr deutliche und starke Hinweise, richtig bunte Neonleuchtreklamen. So deponiert z. B. ein unkastrierter Kater seine Kontaktanzeigen, indem er an markanten senkrechten Linien wie Vorhang, Türstock oder Sesselbein

Harnmarken setzt: „Bin aktiv und dynamisch, ungebunden, Nichtraucher mit Tagesfreizeit. Suche gleichgesinnte Partnerin zwecks Familiengründung."

Auch rollige Kätzinnen geben mit ihren Harnmarken ihre Kinderwünsche bekannt: „Hallo Jungs! Kommendes Wochenende steigt bei mir eine Party. Treffpunkt wird noch bekannt gegeben."

Mit der Kastration fallen natürlich diese speziellen Partnersuchangebote in Ihrer Wohnung weg. Allerdings bedienen sich auch kastrierte Katzen beiderlei Geschlechts dieser für das Zusammenleben unangenehmen Art der Kommunikation. Und zwar sind es besonders die unsicheren und wenig selbstbewussten Katzen, die

ihre Anwesenheit geruchsintensiv demonstrieren. Es kann der Versuch sein, an allen für die Katze wichtigen Punkten wie Fenster, Balkontür, Eingangstür, Sesseln und Betten Schilder anzubringen: „Privatgrund!! Betreten

verboten!" oder auch: „Betreten und Durchgang nur bis auf Widerruf gestattet". Von manchen unsicheren und aufgeregten Katzen wird jedes neue und fremd riechende Objekt – egal ob Sitzgarnitur, Schuhe oder Sporttasche – mit einer „Inventarnummer", sprich einer Harnmarkierung, gekennzeichnet. Damit hat es einen bekannten Geruch, nämlich den eigenen, und verringert den Stress. Schön, werden Sie sagen, aber mir gefällt dieser Geruch ganz und gar nicht. Der erste Schritt, diese Leuchtreklamen in der Wohnung zu verhindern, ist, ihre wichtigste Ursache zu verstehen: verunsicherte, erregte, unflexible Katzen, die in ihrer Dreizimmer-Monotonie eine neue Blumenvase als existenzielle Krise erleben, und von ihren Besitzern üblicherweise auch noch dafür bestraft werden.

Der zweite Schritt ist die Gestaltung eines katzengerechten Lebens – auch, oder gerade wenn es „nur" in der Wohnung ist. Und drittens ist natürlich die Wahl einer freundlichen und gut sozialisierten Katze ganz wichtig.

Dass Katzen ihren Kot vergraben, macht sie als saubere Haustiere sehr beliebt. Manche Katzen bedecken ihren Kot im Katzenklo aber nicht mit Katzenstreu. Das ist eine natürliche Art der Revierbegrenzung – so quasi ein Gartenzaun als deutlich sicht- und riechbare Grenze.

Etwas subtilere Gerüche verteilen Katzen durch Reiben mit Kinn, Wange und Körper an Gegenständen, Menschen und befreundeten Katzen. Sie sind für den Menschen nicht wahrnehmbar. Aber nach einiger Zeit sind diese geruchlichen Marken an häufig benutzten Stellen wie Türstöcken oder Tischbeinen als schwarze Beläge sichtbar. Obwohl diese Schmutzränder unansehnlich aussehen, erfüllen sie für die Katze doch einen wichtigen Zweck. Es sind, so wie für Sie Vorhänge, Bilder und Zierpolster, die Elemente, die eine Katzen-Wohnung heimelig und vertraut machen.

Sie werden auch immer wieder beobachten können, dass sich Ihre Katze nach dem Streicheln zu putzen beginnt. Das hat nichts mit Eitelkeit oder einer zerstörten

Frisur zu tun. Es ist vielmehr eine Art der Verbrüderung mit Ihnen. Mit dem Putzen nimmt die Katze Ihren Geruch auf, verteilt ihn über ihren Körper und verinnerlicht ihn

als den Gemeinschaftsgeruch, der miteinander verbindet.

Ein häufiger Grund für Differenzen zwischen Katze und Besitzer sind die regelmäßigen Performance-Shows, die Katzen an Tapeten und Sitzecken veranstalten.

Das Ergebnis sind für Sie zerstörte Einrichtungsgegenstände – für Katzen genau genommen künstlerische Installationen. Sie erregen mit diesen gestalterischen

Maßnahmen im Wohnraum Aufmerksamkeit: Andere Katzen könnten an dieser Stelle eine hoch interessante „message“ aus der Mailbox lesen. Bei der Kratztätigkeit geht es nämlich nicht wirklich nur ums Strecken und Krallenschärfen. Das könnten Katzen auch auf andere Weise und ohne sichtbare Schäden zu hinterlassen. Es geht in erster Linie um das Hinterlegen einer duftigen Visitenkarte: Pheromone aus den Drüsen zwischen den Zehen – mit einem großen sichtbaren Hinweispfeil – Armlehne in Fransen.

Und wenn sie das auch noch in Ihrer Anwesenheit macht, dann ist dies ein eindeutiger Hinweis, wer hier das sagen hat – nämlich Ihre Katze.

Aber ganz ehrlich – Menschen machen doch Ähnliches: Betrachten Sie einmal die Wände von berühmten Baudenkmälern. Unzählige Touristen hinterlassen eingeritzte oder mit Kajal geschmierte Botschaften: „Waren auch hier: Silvia & Kurt, 12. 5. 87".

Ist doch nicht viel Unterschied, oder? Hier sind Gäste- und Hüttenbücher ein Lösungsansatz, der diesem Bedürfnis entgegenkommt. Für Ihre Katze sind das

vernünftig und attraktiv angebotene Kratzmöglichkeiten.

Dazu später mehr.

So, zum Abschluss noch ein Vergleich, der Ihnen die Bedeutung der verschiedenen Gerüche vielleicht etwas begreifbarer macht:

Stellen Sie sich vor, Sie sind in der Bahnhofshalle einer Großstadt: Alles ist irgendwie unruhig und leicht hektisch, Zwiebelgeruch mischt sich mit dem von Schweiß und abgestandenem Rauch, nirgends ein gemütlich-kuscheliger Platz. Sie haben schon in Ihrer Kindheit gelernt, dass hier alles dreckig ist, und sie wollen auf gar keinen Fall mit einer der hier herumlungernden Gestalten in Kontakt kommen. Und immer müssen Sie ein Auge aufs Gepäck haben, sonst könnte da einer kommen, der sich Ihr Eigentum unter den Nagel reißt. Katzen würden in so einer Situation Harn markieren:

Überdeutliche Hinweise auf die eigenen Grenzen und Besitztümer.

Und jetzt stellen Sie sich vor, Sie kommen am Sonntagnachmittag in eine Bauernstube:

Es ist warm und riecht nach Kaffee und Kuchen. Alle sitzen dicht gedrängt auf der Eckbank rund um den Tisch und lachen oder spielen Karten. Irgendwie heimelig und gemütlich – auch wenn Sie gar nicht zur Familie gehören, sie fühlen sich vertraut.

Und diese Atmosphäre entsteht, wenn Katzen beruhigende Pheromone durch Kopf- und Kinnreiben verteilen.

Um für Katzen schon von vornherein oder aber in bereits bestehenden „Bahnhofswelten" eine vertrautere Umwelt zu gestalten, gibt es einige der beruhigenden Pheromone als Spray und Diffusor für die Steckdose. Sie sind für die Therapie von unerwünschtem Markierverhalten, Aggression zwischen Katzen und anderen psychischen Erkrankungen sehr hilfreich, sollten aber nur nach genauer Diagnose des Problems und nach Anleitung durch Ihre Tierärztin angewendet werden.

4 Lifestyle für Katzen

So, nun haben Sie vielleicht eine kleine Vorstellung davon bekommen, wie Ihre Katze die Welt sieht und wie sie sich verständlich macht. Wir begeben uns in die Praxis des täglichen Zusammenlebens.

Da kommt die nächste ganz wichtige Frage:

Was *tun* Katzen eigentlich? Was würde eine frei lebende Katze den lieben langen Tag und die Nacht unternehmen?

Und was davon bleibt einer reinen Wohnungskatze zu tun?

Diese Frage ist wohl mit Abstand die wichtigste, die Sie sich stellen sollten, wenn Sie Ihre Katze möglichst artgerecht halten wollen.

Sie wissen nun, dass Ihre Katze mit äußerst sensiblen Sinnesorganen ausgerüstet ist, die sie zum perfekten Jäger machen. Sie ist hochintelligent, anpassungs- und lernfähig.

Körperlich ist sie zu Bestleistungen in Hochsprung, Sprint, Balance und Reaktionsgeschwindigkeit befähigt. Soziale Kontakte sind ausgeklügelt geregelt und gegenseitige Pflege hat einen großen Stellenwert.

Wie können wir Katzen möglichst viel Lebensqualität bieten, ohne sie den Gefahren des Freilaufs auszusetzen?

Die nun folgenden Kapitel beschäftigen sich mit den natürlichen Verhaltensweisen von Katzen. In Themenkreise gegliedert betrachten wir einfach einmal den Tagesablauf einer Katze in der Wohnung und wie Sie ihn interessant gestalten können.

Katzen würden ... Mäuse fressen

Die natürliche Nahrung für Ihre Katze wären Mäuse und manch anderes Kleingetier wie Heuschrecken, Eidechsen, Vögel und Schmetterlinge. Da Sie aber nun mit einer „zivilisierten" Wohnungskatze zusammenleben, fällt die Entscheidung leicht, ihr ein fertiges Katzenfutter anzubieten. Die Entscheidung, *welches* Futter Sie Ihrer Katze anbieten, ist da schon wesentlich schwieriger. Es erinnert manchmal schon fast an einen Glaubenskrieg, der da zum Thema Dosenfutter oder Trockenfutter oder selbst gestaltete Rationen stattfindet. Darum auch die Überschrift, denn wenn es nach den Bedürfnissen Ihrer Katze ginge, würde sie Mäuse fressen.

Es ist jedoch nicht zu leugnen, dass es auch Katzen gibt, die aufgrund mangelnder Kindheitserfahrung zu Mäusen eine ähnliche Beziehung haben wie Sie zu gegrillten Heuschrecken: „So was soll ich essen?"

Deshalb ist es wichtig, dass Katzen in den ersten Wochen ihres Lebens viele verschiedene Nahrungsarten und Geschmacksrichtungen (Nassfutter, Trockenfutter etc.) kennen lernen, um nicht zu einseitigen Spezialisten zu werden. Wenn diese Kennenlernphase vorbei ist, können Sie später auf eine oder zwei Nahrungsarten reduzieren, sofern diese ausgewogen sind.

Ich meine, Sie sollten diese Frage eingehend mit Ihrer Tierärztin besprechen und natürlich auch ein wenig mit Ihrer Katze. Dann finden Sie bestimmt eine Lösung, die Ihrer Katze zusagt, die für Sie arbeitstechnisch praktikabel ist und die auch ernährungsphysiologisch passt.

Da wir nun schon die Mäuse vom Speiseplan gestrichen haben, betrachten wir einmal, was sich sonst noch so rund ums Fressen abspielt.

Katzen suchen sich zum Fressen normalerweise einen ruhigen, geschützten Platz in ihrem unmittelbaren Wohnbereich. Dort fühlen sie sich sicher und fressen ihre Beute in einer typischen kauernden Haltung. Auf Störungen reagieren sie mit

Verteidigung des Futters oder Rückzug. Nur kleine Beutetiere werden gleich an Ort und Stelle gefressen.

Die Beute wird von der Katze genau beschnuppert und gekostet. Wenn alles einwandfrei ist – also z. B. keine Spitzmaus –, schüttelt sie die Maus energisch aus, um den Staub und Sand, der von ausgiebiger Spielerei im Fell der Maus hängen geblieben ist, zu entfernen und beginnt sie vom Kopf her, noch körperwarm, aufzufressen. Meistens bleiben die Gedärme, in jedem Fall aber die Gallenblase, liegen.

Mäuse sind als Beutetiere nicht sehr ergiebig – eher ein Snack. Um richtig satt zu werden, gibt es eben einfach mehrere Snacks – je nach Saisonangebot und Geschicklichkeit. Mutterkatzen bringen ihren Kindern halbtote oder lebende Mäuse ans Nest, damit sie ihrer Altersstufe entsprechend alle Jagdtechniken lernen können.

Wie sieht das nun bei einer reinen Wohnungskatze aus?

Körperliche Leistung ist für den Nahrungserwerb nicht mehr notwendig, weil Sie als Besitzer die harte Arbeit des Geldverdienens, Einkaufens und Dosenöffnens übernehmen. In vielen Fällen steht Futter den ganzen Tag bereit oder wird auf Anforderung der Katze sofort hergerichtet. Das Endergebnis ist zumeist eine übergewichtige Katze, die immer dann zur Futterschüssel geht, wenn ihr langweilig und nach Abwechslung ist – also sehr oft.

Oder sie hat gelernt, dass Fütterung die einzige „action" ist, zu der sie ihren Besitzer bewegen kann, wenn sie nur lautstark und lästig genug ist. Das begreift sie ganz schnell!

Die Patzerei, die manche Katzen beim Schütteln von Dosenfutterstückchen (es könnte ja eine sandige Maus sein) anrichten, gereicht jedem Kleinkind zur Ehre, wenn es zum ersten Mal mit dem Löffel isst. Im Übrigen schütteln manche Katzen auch Trockenfutter und verteilen es rund um den Futterplatz, weil dieses Schütteln ein angeborener Mechanismus ist, der immer am Anfang jeder Fressaktivität ausgelöst wird.

Vorschläge zum Thema Fütterung von Wohnungskatzen:

Richten Sie auf jeden Fall feste Fütterungszeiten mit zugeteilter Futtermenge ein und lassen Sie kein Futter stehen. Fressen ist den meisten Katzen sehr wichtig und verbindet sie sehr stark mit dem Menschen, der das Futter herausrückt. Die Fütterungszeiten sind neben den Spielstunden die wichtigsten Höhepunkte im mehr oder weniger eintönigen Tagesablauf Ihrer Katze. Aus welchem Grund sollten Sie darauf verzichten und Ihre Katze zur frustrierten Langeweilefresserin machen, weil dauernd Futter herumsteht?

Für eine *erwachsene gesunde Katze* reichen ein Frühstück und ein Abendessen aus. Es spricht aber auch nichts dagegen, wenn Sie eine dritte Mahlzeit zu Mittag oder am späten Abend anbieten wollen. Entscheidend ist nämlich nicht die Anzahl der Fütterungen, sondern die Gesamtmenge Futter, die Ihre Katze bekommt.

Obwohl Katzen in einem ziemlich straffen Zeitgefüge leben, ist es nicht zwingend notwendig, diese Zeiten auf die Minute einzuhalten. Unter Freilaufbedingungen springen die Mäuse auch nicht mit dem Glockenschlag aus ihren Verstecken und opfern sich dem Katzenhunger. Dadurch erlernt Ihre Katze eine gewisse Flexibilität und akzeptiert auch einmal leichter Ihren langen Kinoabend und das verspätete Frühstück am nächsten Tag.

Auch oder gerade wenn Sie den ganzen Tag berufstätig sind, ist es wichtig, kein Futter herumstehen zu haben. Sie sagen jetzt vielleicht: Ja, aber meine Katze hat doch tagsüber auch Hunger. Das ist richtig und deckt sich auch mit der Snackesser-Natur Ihrer Katze. Auf Lösungsmöglichkeiten dafür komme ich später zurück. Ich halte es aber für wichtig, dass Sie Ihrer Katze beim Fressen zusehen oder zumindest ein Auge darauf haben, ob sie ihre zugeteilte Portion frisst und wie sie sich dabei anstellt. Katzen mit Zahnfleischentzündung beispielsweise fressen zwar, werden immer langsamer, und man sieht ihnen eindeutig an, dass sie sich dabei schwertun. Wenn man sie denn ansieht!

Leider werden mir und meinen Kollegen immer wieder kranke, abgemagerte Katzen vorgestellt, von denen niemand genau weiß, wie lange sie schon nicht oder schlecht fressen. Das gilt ganz besonders für den Mehrkatzenhaushalt, wo Sie durch herumstehendes Futter keinerlei Überblick darüber haben, wer wie viel frisst. Das endet oft mit einer übergewichtigen Katze, die wie ein Staubsauger alles inhaliert. Oder eben einer kranken und abgemagerten Katze, weil keiner merkt, dass sich nur einer über die gesamte Futtermenge hermacht.

Gezielte Diätfütterung bei Übergewicht, Blasen- oder Nierenerkrankungen ist unter diesen Umständen ebenfalls nicht möglich.

Wenn Sie den ganzen Tag in der Arbeit sind, können Sie Ihre Katze nur eine sehr kurze Zeit des Tages beobachten. Damit geht Ihnen schon viel Information über das Wohlbefinden verloren. Das auch deshalb, weil die wenigsten Katzen ihre Erkrankungen deutlich präsentieren, sondern eher den stillen Rückzug wählen und möglichst unauffällig leiden. Also sind der Appetit und das Fressverhalten Ihrer Katze eine einfache – wenn auch nicht die einzige – Kontrollmöglichkeit für ihr Wohlbefinden.

Herumstehendes Dosenfutter ist nicht nur im Sommer, sondern in geheizten Wohnungen auch im Winter ein hygienisches Problem. Es verdirbt innerhalb kürzester Zeit und gammelt vor sich hin, bis es die Katze letztendlich doch noch frisst und Magen-Darm-Störungen bekommt oder Sie es an die Ratten auf der Mülldeponie weiterreichen.

Ja, dafür haben Sie ja einen Napf mit Trockenfutter bereitgestellt, werden Sie nun sagen. Aber eigentlich haben Sie festgestellt, dass Ihre Katze das nicht oder nur sehr selten anrührt. Weil sie eben keine Trockenfutter mag. Das kann sein. Aber: Haben Sie schon einmal Chips gegessen, die seit einer Woche offen herumliegen? Nichts ist von der knisterfrischen Knusprigkeit übrig geblieben – nur zähe salzige Dinger zwischen den Zähnen. Ich denke, Katzen geht es ähnlich. Trockenfutter verliert neben seiner knackfrischen Konsistenz auch seinen

Geruch und ist dann für Katzen so unattraktiv wie gealterte Chips für Sie.

Wie Sie aber noch sehen werden, kann Trockenfutter eine sehr wichtige Rolle in der erlebnisarmen Wohnungsumwelt spielen. Es macht also Sinn, Ihrer Katze Trockenfutter schmackhaft zu machen.

Richten Sie Ihrer Katze einen ruhigen Futterplatz ein, wo sie beim Fressen nicht gestört wird. Dass sie ihren Futterplatz für sicher hält, erkennen Sie daran, dass sie erbeutete Schinkenstreifen vom Esstisch bis zu „ihrem" Futterplatz trägt und dort frisst.

Selbstverständlich bekommt jede Katze eine eigene Futterschüssel, wo sie mit ausreichend Abstand zur Partnerkatze in Ruhe fressen kann. Vergessen Sie diese niedlichen zweigeteilten Futterschüsseln, die Katzen stören sich nur gegenseitig beim Fressen.

Achten Sie darauf, dass auch Ihre langsamer fressende Katze nicht von ihrem Platz verdrängt wird, wenn die andere schon fertig ist. Zwei- oder dreimal ein Fingerschnipp ans Ohr, verknüpft mit einem deutlichen, aber leisen Nein und dem Namen, macht dem Vielfraß klar, dass seine Mahlzeit zu Ende ist. Und

wenn Sie dabei zwar leise, aber eindeutig vorgehen, stören Sie auch nicht die andere Katze beim Fressen. Später reicht Ihre Anwesenheit und bei Bedarf ein Nein und der Name, um der „Vergesslichkeit“ gezielt vorzubeugen.

Kurz zusammengefasst:

* Festgelegte Fütterungszeiten sind interessante Höhepunkte im Tagesablauf und Ihre Katze erlebt die Fütterung als spannende Abwechslung. Fressen sättigt nicht nur, es erfüllt auch das Unterhaltungsbedürfnis Ihrer Katze.
* Und das zu vernünftigen Zeiten, die Sie vorgeben (nicht um 3 Uhr früh).
* Herumstehendes Futter ist wenig attraktiv, wird häufig aus Langeweile gefressen und fördert Übergewicht und die Folgeerkrankungen.
* Sie erkennen sehr rasch, ob es Ihrer Katze gut geht und Sie können schneller reagieren, wenn sie krank werden sollte.

Wasser ist zum Trinken da

Die Vorfahren unserer Katzen stammen ursprünglich aus trockenen Halbwüsten in Nordafrika. Sie haben sich an diese wasserarmen Lebensbedingungen angepasst und

kommen mit relativ wenig Flüssigkeit aus. Einerseits decken sic ihren Bedarf mit dem Fleisch und Blut ihrer Beutetiere, das einen hohen Wasseranteil hat. Andererseits können sie ihren Harn sehr stark konzentrieren und scheiden dadurch nur kleine Wassermengen aus.

Die Wege zu den Wasserstellen sind weit und für so kleine Tiere wie Katzen nicht jederzeit gefahrlos zugänglich. Daher ist es für Katzen einfacher und sicherer, den Wasserbedarf auf ein- oder zweimal zu decken, statt mehrmals täglich in kleinen Mengen zu trinken. Bei ihren täglichen Erkundungsausflügen kommen die Katzen auch immer an „ihrer“ Wasserstelle vorbei.

Aufgrund ihres feinen Geruchs- und Geschmackssinns können Katzen verschiedene Wasserqualitäten unterscheiden.

Welche Bedeutung hat das nun für eine Wohnungskatze?

Viele Besitzer glauben, ihre Katze trinkt nichts, weil sie ihr nie dabei zusehen können.

Oder: Meine Katze trinkt nur Milch und Wasser mag sie nicht.

Und manche Katzenbesitzer stellen fest, dass ihre Katze nur das immer frisch angebotene Wasser neben der Futterschüssel verweigert, aber aus dem Aquarium, Zimmerbrunnen oder Blumenuntersetzer regelmäßig trinkt.

Sie erkennen schon – alles ganz logisch aus der Sicht der Katze!

Wenn eine Katze mit Dosenfutter ernährt wird, frisst sie bereits durchschnittlich 80 Prozent Wasser mit ihrem Futter mit und deckt somit den größten Teil ihres Flüssigkeitsbedarfs. Also ist es höchst unwahrscheinlich, dass sie auch noch viel Wasser aus der Schüssel an ihrem Futterplatz trinkt. Zumal Katzen an ihrem Futterplatz nur in Ausnahmefällen trinken. Sie machen sich lieber auf eine kleine Wanderung, um an die Wasserstelle zu gelangen. Es gibt sogar Untersuchungen, dass Katzen bis zu einem Drittel mehr Wasser trinken, wenn dieses abseits vom Futterplatz angeboten wird.

Und es gibt noch einen Grund, warum Katzen dieses regelmäßig frisch angebotene Trinkwasser nicht annehmen: Es riecht und schmeckt meistens wie aufbereitetes, chloriertes Wasser aus dem Wasserwerk. Die meisten Katzen bevorzugen Wasser, das zwar abgestanden, aber trotzdem irgendwie „lebendiger" als Leitungswasser ist. Also trinken sie lieber aus dem Gartenteich, dem Aquarium, Regenwasser oder dem Blumenuntersetzer mit den Grünalgen. Und bei unpassendem Angebot eben wenig bis gar nicht.

Die Tatsache, dass Katzen ihren Harn sehr stark konzentrieren können, hat unter den heutigen Haltungsbedingungen manchmal Nachteile. In diesem konzentrierten Harn können sich unter bestimmten Umständen Kristalle bilden, die in weiterer Folge Blasenentzündungen und im schlimmsten Fall eine verstopfte Harnröhre verursachen.

Das ist ein lebensbedrohlicher Zustand, der sofort behandelt werden muss!

Neben vielen anderen Faktoren (Infektion, Stress, Fütterung, nicht katzengerechte Ausscheidungsorte, Veranlagung, Übergewicht etc.) hat die Wassermenge, welche die Katze täglich trinkt, einen wichtigen Einfluss auf die Entstehungsgeschichte dieses FLUTD genannten Erkrankungskomplexes. Und die optimale Wasserversorgung ist umso wichtiger, je größer der Trockenfutteranteil in der Nahrung Ihrer Katze ist. Das bedeutet nicht, dass Trockenfutter grundsätzlich schädlich ist – entscheidend sind die wirklich gute Qualität des Futters und ein der Katze entsprechendes Wasserangebot.

Zur Fütterung bereits erkrankter oder gefährdeter Katzen bekommen Sie immer aktuelle Informationen bei Ihrer Tierärztin.

Katzen brauchen keine Milch als Getränk! Früher oder später (manchmal erst nach Jahren) reagiert jede Katze mit Durchfall auf dieses für sie völlig ungeeignete Nahrungsmittel. Das Verdauungssystem der Katze (wie im Übrigen auch das von zwei Dritteln der Menschheit) kann den Milchzucker nicht verarbeiten und reagiert mit entsprechenden Störungen. Auch wenn manche Katzen eine große Leidenschaft für Milch entwickeln, bedeutet das nicht, dass sie notwendig ist.

Wenn Sie Ihrer Katze an geeigneten Stellen gutes Trinkwasser anbieten, sorgen Sie verantwortungsvoll für sie und ersparen ihr unnötigen Bauchschmerz.

Vorschlag für eine katzengerechte Oase in der Wohnung:

Ersparen Sie sich eine Wasserschüssel am Futterplatz – sie wird nicht angenommen.

Suchen Sie einen ruhigen, aber für die Katze leicht zugänglichen Platz – vielleicht in Ihrer Pflanzenecke oder auf dem Weg

der Katze zu ihrem Aussichtsplatz. In großen Wohnungen sind zwei oder mehr Wasserangebote für den Anfang besser – sie finden nach einiger Zeit heraus, welche Ihre Katze bevorzugt.

Stellen Sie dorthin ein größeres Gefäß (mind. 1–2 l) und füllen Sie es bis zum Rand mit Wasser. Ab nun füllen Sie nur mehr nach und sorgen dafür, dass es immer randvoll ist. Die nachgefüllte Menge ist die Trinkmenge Ihrer Katze und der kleine Anteil, der zusätzlich noch verdunstet.

Oftmals sehr freudig angenommene Wasserstellen sind Zimmerbrunnen und Quellsteine – das Wasser ist in Bewegung und zieht viele Katzen an. In Ausnahmefällen bevorzugen Katzen fließendes Wasser von der Wasserleitung. Für diese Katzen gibt es kleine Trinkbecken, in denen das Wasser gefiltert, mit einer Pumpe im Umlauf gehalten und in einem einstellbaren Strahl wieder ins Becken geleitet wird. Richtige „Wasserkatzen" lieben und nützen diesen kleinen Wasserfall als Spielplatz. Eine dekorative Möglichkeit ist folgende Variante: Suchen Sie einen wasserdichten Topf, ein Goldfischglas oder ein anderes schönes großes Gefäß, das sich als Pflanzbecken eignet. Dann suchen Sie einen passenden Platz in Ihrer Wohnung, den Ihre Katze gefahrlos ansteuern kann und der hell genug ist. Auf den Boden des Topfes kommt feiner Aquariumkies und in den setzen Sie ein paar hübsche Wasserpflanzen. Noch ein paar Wasserlinsen, Schwimmfarn oder Muschelblumen auf die Oberfläche und fertig ist der Blickfang für Ihre Wohnung und die interessante Wasserstelle für Ihre Katze. Wenn Sie daneben noch einen kleinen Sitzplatz anbieten, sind manche Katzen von solchen Wasserbecken geradezu fasziniert. Sie sitzen manchmal stundenlang auf ihrem Beobachtungsplatz, um den treibenden Wasserlinsen zuzusehen. Entspannung pur – nicht nur für Katzen!

Kurz zusammengefasst:

* Katzen trinken nicht dort, wo sie fressen, sondern wandern bis zu ihrer Wasserstelle.
* Frisches Leitungswasser verweigern viele Katzen.
* Algen und Wasserpflanzen beleben neben der Erfahrungsumwelt der Katze auch das Wasser. Dieses Wasser ist für Katzen offensichtlich sehr attraktiv und sie trinken bei diesem Angebot wesentlich mehr.
* Ausreichende Wasseraufnahme
* ist eine wichtige Vorbeugemaßnahme für Erkrankungen der Harnwege (FLUTD).

Katzenklo und so

Katzen sind von Natur aus sehr reinliche und saubere Tiere. Das ist einer der Hauptgründe, warum sie auf der Beliebtheitsskala der Haustiere mittlerweile den ersten Platz erobert haben.

Sie können ohne tägliche Spaziergänge mit ihr in der Wohnung zusammenleben und sie nimmt ohne Weiteres ein für sie bereitgestelltes Katzenkistchen als Toilette an –

meistens jedenfalls.

Aber: Die mit Abstand häufigsten Anfragen im Rahmen der Verhaltensberatung betreffen unsaubere Katzen!

Irgendwas stimmt da also offensichtlich nicht: Katzen sind reinlich und sauber und dann trotzdem so häufig unsauber?

In vielen Fällen liegt das Problem nicht bei der Katze. Es handelt sich schlicht und einfach um *menschliches* Versagen!

In Unkenntnis normaler Verhaltensweisen und der Bedürfnisse von Katzen, kombiniert mit Missverständnissen und verfehlten Ansprüchen durch den Besitzer, spielen sich mitunter schreckliche Dinge ab. Die gute Beziehung zur Katze und das harmonische Zusammenleben verflüchtigen sich rasch und die Partnerschaft endet im Tierheim oder noch schlimmer ...

Und auch hier gilt: Vorbeugen ist besser für stressfreies Zusammenleben!

Der erste Schritt ist wieder einmal: Begreifen und erkennen, was die natürlichen Verhaltensweisen der Katze sind.

Unter Freilaufbedingungen können sich Katzen ihren Pinkel-Platz ganz nach ihrem Geschmack auswählen: Mitten auf einer großen Wiese mit weitem Überblick, so dass herannahende Gefahr rechtzeitig erkennbar ist. Oder unter Gebüsch mit ein wenig Rückendeckung. In jedem Fall wollen sie nicht plötzlich in ihrer vorübergehend hilflosen Pinkel-Position überrascht werden.

Der Untergrund, den sie wählen, ist weich, sandig oder erdig und locker, um die Hinterlassenschaften zu verscharren. Je näher sie sich an den Grenzen ihres Streifreviers befinden, desto öfter bleiben Harn und Kot unbedeckt. Das ist aus der Sicht der Katze eine wunderbar praktische Angelegenheit. Kot und Harn müssen sowieso ausgeschieden werden, da bietet sich doch die Kombination mit der Verbreitung von Geruchsbotschaften für andere Katzen geradezu an. Ihre Katze ist also nicht dumm oder unordentlich, wenn sie ihren Kot nicht bedeckt.

Die wesentlichste Sache aber ist: Katzen setzen Kot und Harn *nicht* an der gleichen Stelle ab. Vielmehr suchen sie sich einen Platz, um zu pinkeln, dann gehen sie ein bisschen weiter und setzen an einer anderen Stelle ihren Kot ab. Das wurde bei vielen Freilandbeobachtungen immer wieder festgestellt.

Und schlussendlich wählen Freilaufkatzen aus hygienischen Gründen nicht unbedingt immer genau denselben Platz, um sich zu erleichtern. Gerüche sind für Katzen zwar sehr wichtig, aber gegen Gestank haben sie einiges einzuwenden. Und Sie wissen schon: Katzen riechen mehr!

Welche Konsequenzen haben diese Verhaltensweisen nun für die Wohnungshaltung von Katzen?

Informationen zum Thema Katzenklo in der Wohnung:

Die **Mindestanzahl** an jederzeit frei zugänglichen Katzentoiletten für eine Einzelkatze ist *zwei*. Und die sollten nicht unmittelbar nebeneinander stehen, denn zwei Katzentoiletten am gleichen Platz zählen für eine.

Das bedeutet nicht, dass Ihre Katze ein Katzenklo ausschließlich für Kot und eines nur für Harn verwendet. Meistens benützt sie beide Orte für beide Ausscheidungen – aber eben nicht im direkten Zusammenhang. Zuerst wird in das eine Katzenklo gepinkelt, dann geht sie zum anderen und setzt dort Kot ab. Flexible Katzen, die nur eine Toilette zur Verfügung haben, kehren nach ihrem Rundgang in dieselbe nochmals zurück. Weniger flexible benützen geschützte Plätze hinter der Sitzecke oder unter dem Tisch. Manchmal fällt ihnen das erst nach Jahren ein, wenn ein anderer Stressfaktor ihre Anpassungsfähigkeit endgültig überfordert hat. So sehen Sie auch, dass die sofortige Reinigung des Katzenklos nach Benützung keinen Einfluss auf die Notwendigkeit eines zweiten Ausscheidungsplatzes hat.

Für den Mehrkatzenhaushalt gilt die Grundregel: Immer ein Katzenklo mehr als Anzahl der Katzen. Also drei Katzentoiletten für zwei Katzen usw.

Falls Sie mehrere Wohnetagen haben, sollte für Ihre Katze in jedem Stockwerk ein Katzenklo zur Verfügung stehen. Ein einzelnes Katzenklo im Keller oder auf dem Balkon gilt nicht – Sie haben Ihr WC auch in Ihrem unmittelbaren Wohnbereich und müssen nicht zum Plumpsklo über den Hof gehen.

Junge Katzen sind in großen Wohnungen mit dem langen Weg zum Katzenklo manchmal überfordert. Sie haben es ähnlich dringend wie kleine Kinder, denen mitten im Spiel einfällt, dass es jetzt plötzlich ganz schnell gehen muss. Entweder begrenzen Sie den Lebensraum für junge Katzen in der Anfangsphase, erhöhen die Anzahl der Katzentoiletten oder Sie erinnern den Zwerg regelmäßig nach dem Schlafen oder während einer Spielphase, indem Sie ihn ganz locker und freundlich-spielerisch ins Katzenklo setzen.

Die **Mindestgröße** für eine Katzentoilette ist 30 x 40 cm – das ist wirklich eine untere Grenze. Große und ältere Katzen, die nicht mehr so beweglich sind oder Gelenkschmerzen haben, benötigen mehr Grundfläche. Sie können neben den herkömmlichen Katzentoiletten, die diese Mindestabmessungen haben, auch andere Plastikwannen aus dem Haushaltsbereich anbieten. Eine zwar optisch nicht so ansprechende, dafür aber umso praktischere und günstige Lösung sind rechteckige Mörtelkästen aus dem Baumarkt. Sie haben eine ausreichend große Grundfläche und einen hohen Rand, sodass auch Katzen, die im Stehen pinkeln, nicht die ganze Umgebung überschwemmen. Sie geben der Katze Sicherheit und ein intimes Gefühl, ohne ganz abgeschlossen zu sein. Sie können weiterhin ausreichend Katzenstreu einfüllen, damit Katzen ihrem Bedürfnis nach Sandstürmen und Tiefgaragenbauten nachkommen können, ohne die ganze Einstreu in Ihrer Wohnung zu verteilen.

Für junge und sehr alte Katzen sollten Sie an der Stirnseite von derartig hohen Wannen einen niedrigeren Einstieg ausschneiden. Die verbleibende scharfe Kante können Sie mit einem längs aufgeschnittenen Gartenschlauch absichern.

Ein Katzenklo muss auch dann noch absolut standfest sein, wenn Ihre Katze auf dem Rand balanciert oder vom Rand abspringt. Schreckerlebnisse mit kippenden Katzentoiletten veranlassen manche Katzen zu konsequenter Verweigerung dieses unberechenbaren Ortes.

Wenn Sie unter die Katzentoilette einen kleinen Teppich oder eine Matte legen, schonen Sie Ihren Boden und verhindern knirschende und quietschende Geräusche beim Verschieben; die sind auch für manche Katzen unangenehm genug, um diesen so wichtigen Ort zu meiden. Außerdem haben Sie damit gleichzeitig eine Art Fußabstreifer für die an den Pfoten hängende Katzenstreu.

Noch ein Wort zu geschlossenen Katzentoiletten: Katzen sind keine Höhlenpinkler!

Diese Konstruktionen sind in allererster Linie für Besitzeransprüche entwickelt und nicht für Katzenbedürfnisse. Ob mit oder ohne Filtereinrichtung, mit oder ohne Klapptür – es staut sich der Geruch in diesem kleinen Plastikraum und die Katze mit ihrer feinen Nase wird von Ihnen gezwungen, sich in konzentrierten Ammoniakdämpfen aufzuhalten.

Ihr Ziel sollte nicht die Begrenzung von unangenehmem Geruch aufs Katzenklo sein, sondern ein sauberes Katzenklo, das nicht riecht!

Den **Standort** der Katzentoiletten sollten Sie mit System und Bedacht wählen. Er sollte das Bedürfnis der Katze nach Sicherheit und kontrolliertem Überblick befriedigen. Überraschungseffekte in Form von plötzlich aufgerissenen Wohnungstüren, schleudernden Waschmaschinen und über die Holztreppe springenden Kindern sind nicht ganz im Sinne Ihrer Katze, wenn sie gerade hilflos im Katzenklo hockt. Auch allzu abgeschiedene und weitab gelegene Plätze werden hin und wieder verweigert und möglicherweise durch nahe liegendere unter der Küchenbank ersetzt.

Der Zugang zum Katzenklo muss immer frei sein und darf nicht durch versehentlich geschlossene Türen, beispielsweise die Balkontür, behindert sein.

Ein beliebter Platz ist unter dem Waschbecken im Badezimmer. Berücksichtigen Sie aber, dass die Bewegungsfreiheit Ihrer Katze nach oben nicht durch die Ablaufgarnitur eingeschränkt ist und sie nicht ängstlich auf das gurgelnd abfließende Wasser reagiert.

Natürlich stellen Sie keine Katzentoilette in die Nähe des Futterplatzes. Auch Katzen finden es nicht so toll, am Klo zu essen. Im Zweifelsfall entscheiden sie sich für den Futterplatz und verlegen eigenmächtig den Ausscheidungsplatz. Ähnliches gilt auch für den Schlafplatz.

Nachdem Sie nun hoffentlich die besten Standorte für die Notdurft Ihrer Katze gefunden haben, noch ein paar Hinweise zu **Katzenstreu** und Hygienemaßnahmen.

Viele Katzenbesitzer haben nur einen Anspruch an die Katzenstreu: Sie muss billig sein. Ganz anders die direkt betroffenen Katzen: Sie wollen ein weiches lockeres Material, in dem sie U-Bahn-Schächte oder Löcher nach Australien buddeln können. Es soll nicht scharfkantig in die Zehenballen pieken, wenn sie sich beim Kotabsatz dagegenstemmen. Es soll nicht an den Pfoten kleben bleiben (das ist auch sehr in Ihrem Interesse) und es soll weder nach Kiefernwald riechen noch mit sonstigen Frischedüften parfümiert sein. Auch in Ihrem Sinne ist eine möglichst staub- und natürlich mineralfaser- sowie asbestfreie Einstreu.

Es gibt zwei Typen von Katzenstreu, lose aufsaugende und Klumpen bildende. Die Klumpen bildende Einstreu hat den Vorteil, dass sie nicht täglich zur Gänze gewechselt werden muss und sie wird auch laut Umfragen von der überwiegenden Mehrheit der Katzenbesitzer (und daher vermutlich auch Katzen) bevorzugt. Da aber selbst bei regelmäßiger Entfernung der Klumpen immer Reste in der Einstreu bleiben, empfiehlt sich auch bei dieser Art Streu ein vollständiger Wechsel in gewissen Abständen, um unangenehme Gerüche zu vermeiden. In manchen Katzenbüchern können Sie lesen, dass diese Klumpen über das WC entsorgt werden können. Mein Tipp: Tun Sie es nicht, es kann sehr teuer werden! Sie können die Einstreu in einem kleinen Kübel mit Deckel sammeln und mit dem Restmüll entsorgen.

Auch wenn die Werbung Geruchsbindung und Überdeckung mit Frischedüften verspricht, zählt nur eine einzige Maßnahme vor der strengen Nase Ihrer Katze: Sauberkeit. Und diese sollten Sie nicht über den Umweg mit desinfizierenden, parfümierten und womöglich ammoniakhaltigen Reinigern oder Katzenklo-Deos vortäuschen. Einzig mit regelmäßiger Reinigung und frischer sauberer Einstreu können Sie von Ihrer Katze erwarten, dass Sie immer wieder denselben Ort zur Ausscheidung benützt. Gerüche von Reinigern und Desinfektionsmitteln wirken auf Katzen gar nicht anziehend, eher im Gegenteil.

Auch auf uns wirken öffentliche Toilettenanlagen, in denen die stündliche Reinigung schriftlich an der Tür festgehalten wird, wesentlich ansprechender als ein verdrecktes, nach Chlor riechendes Parkplatz-WC.

Sie erwarten von Ihrer Katze sauberes und reinliches Verhalten. Dann sollten Sie Ihr unbedingt die Möglichkeit geben, ein ihren Bedürfnissen entsprechendes sauberes Katzenklo vorzufinden.

Manche der hier beschriebenen Regeln und Maßnahmen mögen Ihnen vielleicht übertrieben oder kleinlich erscheinen. Es ist auch klar, dass viele Katzen mit weniger Unterstützung seitens ihrer Besitzer auskommen und trotzdem nicht unsauber sind. Aber bitte bedenken Sie, dass es in diesen Fällen die hohe Anpassungsfähigkeit und Kompromissbereitschaft der Katze sind, die ein Zusammenleben möglich machen. Und spätestens wenn Ihre Katze zu keinen weiteren Zugeständnissen mehr bereit ist und Missverständnisse zum Thema Katzenklo auftauchen, sollten Sie die Botschaft hören. Überprüfen Sie ehrlich und ernsthaft, ob Sie die Ansprüche Ihrer Katze hinsichtlich Anzahl, Art, Standort und Sauberkeit der Katzentoiletten erfüllen. Wenn ja, lassen Sie Ihre Katze unbedingt tierärztlich untersuchen. Unsauberkeit ist *niemals* Boshaftigkeit, sondern ein deutlicher Hinweis, dass Ihre Katze ein gesundheitliches oder psychisches Problem hat. Und das sollten Sie im Sinne Ihrer Katze – wie auch in Ihrem eigenen – möglichst schnell mit fachkundiger Unterstützung beheben.

Kurz zusammengefasst:

* Katzen benützen verschiedene Orte, um Kot und Harn abzusetzen, daher müssen Sie mindestens zwei Katzentoiletten in der Wohnung anbieten.
* Art des Katzenklos und Standort müssen den Bedürfnissen der Katze angepasst sein, wenn Sie sinnlose „Diskussionen" vermeiden wollen, weil Ihre Katze einen besseren Platz gefunden hat – in diesem Fall hat sie die besseren Karten.
* Wenn Sie von Ihrer Katze reinliches Verhalten erwarten, konfrontieren Sie sie nicht mit unsauberen Bedingungen am Katzenklo.

Ich schenke dir ein Foto ...

Im Kapitel über die Kommunikation haben wir uns schon ein wenig mit den Markiergewohnheiten von Katzen befasst. Auch wenn es für uns hin und wieder schwer verständlich ist, hat dieses Verhalten für das Wohlbefinden von Katzen eine sehr große Bedeutung.

Nur kurz zur Erinnerung: Katzen markieren mit Pheromonen, die sie aus Duftdrüsen an Kopf, Kinn, Pfoten und Schwanzansatz abgeben, sowie mit Kot und Harn. Zur optischen Verstärkung kratzen und ritzen sie auch noch Graffiti in die Rinde von Bäumen und Sträuchern.

Nun stehen wir vor dem Problem, dass einige dieser katzentypischen Duftbotschaften einem angenehmen Zusammenleben in der Wohnung durchaus im Weg stehen können.

Beginnen wir vorerst mit den zwar sichtbaren, aber für uns wenigstens geruchlosen Markierungen.

Kratzmarkierungen

Immer wieder beklagen Katzenbesitzer die Beschädigung der Einrichtung durch ihre Katze. Textiltapeten, Armlehnen von Sitzgarnituren, Vorhänge und Teppichböden werden von der

Katze regelmäßig und akribisch bearbeitet, bis nur mehr die Längsfasern vom Stoff übrig sind. Wie schon in einem früheren Kapitel angedeutet, kommt hier ein Missverständnis zwischen Mensch und Katze zum Ausdruck: Was für den Besitzer die Zerstörung seiner Einrichtung, ist für die Katze eine hochkünstlerische Installation! Das zerkratzte Sofa ist das Ergebnis einer arrivierten Performance-Party – ein dekoratives Schaustück inmitten des Wohnzimmers.

Sämtliche Strafmaßnahmen scheitern – mancher verhärmte Besitzer berichtet, dass seine Katze dann erst recht vor seinen Augen mit der Kratzerei beginnt.

Und das interessanterweise häufig auch dann, wenn ein Kratzbaum angeboten wird.

Woran liegt es also?
Und wie ist dieses Problem zu lösen?

Das so genannte „Krallenschärfen“ hat für die Katze mehrere Funktionen. Erst einmal dient es dem Strecken und Dehnen des Körpers nach einer längeren Ruhepause. Das ginge ja zur Not auch noch ohne Zerstörung. Zusätzlich dient es auch der Körperpflege, indem die äußeren Krallenhüllen während des Kratzens abblättern und die neuen Krallenspitzen freilegen. Viele Katzen entfernen diese Krallenhüllen auch aktiv beim Putzen mit den Zähnen.

Beide Begründungen erklären somit nicht hinreichend die „Zerstörungswut“, die manche Katzen packt, und genauso wenig, warum der angebotene Kratzbaum nicht angenommen wird.

Es liegt nämlich am Bedürfnis der Katze, optische und geruchliche Markierung zu kombinieren. Mit den Pheromonen aus den Drüsen an den Pfoten hinterlegt die Katze ihre Visitenkarte. Der Geruch und die Reichweite sind im Gegensatz zu Harnmarken aber eher gering, also wird mit der Zerstörung zusätzlich ein optisches Signal gekratzt, sodass diese Stelle auch noch auf größere Distanz bei anderen Katzen Interesse erregt.

Und weil der Duft mit der Zeit vergeht, muss er natürlich regelmäßig wieder aufgefrischt werden.

Eine wichtige Bedeutung für das Zusammenleben hat die Selbstinszenierung der Katze. Selbstbewusste Katzen demonstrieren ihre Wichtigkeit und soziale Sicherheit, wenn sie vor den Augen einer anderen Katze oder eben des Besitzers zu kratzen beginnen. Das erklärt natürlich auch, warum gerade die Aufforderung des Besitzers, das Kratzen zu unterlassen, den Fun-Faktor dieser Aktion ungemein erhöht. Sogar die Strafandrohung mit angedeuteter Verfolgung macht aktiven Katzen Spaß – schaffen sie es damit doch immer wieder, das Interesse auf sich zu lenken, um Aktivität ins Leben zu bringen.

Anregungen für kultiviertes Kratzmarkieren in der Wohnung:

Um Ihre Katze von der Selbstdarstellung an Möbeln abzuhalten, müssen Sie ihr brauchbare und katzengerechte Alternativen anbieten. Strafen sind keinesfalls geeignet, um das natürliche und normale Bedürfnis des Selbstausdrucks von Katzen zu verhindern.

Unter Freilaufbedingungen wählen Katzen für ihre Kratzmarkierungen Bäume mit weicher oder leicht rissiger Rinde, die einreißt oder abbröckelt, wenn daran gekratzt wird. Ab und zu kratzen sie auch am rauen Verputz von Hausmauern, an Gartenzäunen und anderen gut sichtbaren senkrechten Objekten.

Die Orte, an denen markiert wird, liegen an strategisch günstigen Stellen und Pfaden, wo sie auch von anderen Katzen sofort gesehen werden können. Bei manchen Kratzstellen besteht eine räumliche Nähe zu Schlaf- und Ruheplätzen.

Kratzstellen: Wie viele, welche, wo:

Je nach Größe Ihrer Wohnung und Attraktivität der Einrichtung sollten Sie mindestens eine Kratzstelle anbieten. Das heißt, je interessanter die Möbelbezüge und Textiltapeten, desto mehr

Angebote sollten Sie Ihrer Katze machen, wenn Ihnen Ihre Einrichtung lieb ist. Und zwar *bevor* die Katze das erste Mal daran gekratzt hat. Denn – Sie wissen schon – einmal vorhandener Geruch wird regelmäßig aufgefrischt. Und wenn Sie nun ans Überdecken mit unangenehmen Düften gedacht haben: Nur intensiveres Kratzen wird diese beseitigen. Und Ihre Katze macht sich bereits an die Arbeit ... Oder sie überdeckt Ihr Katzenfernhaltespray ganz einfach mit einem noch intensiveren Geruch ... Harnmarkierungen!

Neben einem großen Kratz- und Kletterbaum, auf den wir später noch genauer eingehen werden, können Sie an einem oder mehreren katzenstrategisch günstigen Plätzen eine Markierstelle anbieten. Der für die Katze mit Abstand wichtigste Markierplatz liegt auf dem Weg zwischen Schlafplatz und Futterstelle. Und das erste brauchbare Objekt auf dieser Strecke wird umgehend zur Kratzstelle erkoren. Wenn nun der von Ihnen angebotene Kratzbaum verkehrstechnisch ungünstig im Vorraum steht, dann bietet sich doch die Armlehne der Sitzgarnitur im Wohnzimmer geradezu einladend an. Die Kratzstelle im Vorraum wird aber unter Umständen mit Freuden angenommen, wenn Sie nachhause kommen, Ihre Katze ein wenig aufgeregt ist und einen Platz zum Kratzen und Abreagieren braucht.

Je nach Typ bevorzugen Katzen für ihre Kratzaktivitäten entweder weiches Naturholz oder textiles Material. Die einfachste Möglichkeit ist ein sägeraues Kantholz, ungefähr 10 x 10 cm, aus Fichte oder Kiefer. Sie können auch Naturstämme mit Rinde anbieten. Besonders eignen sich dafür Kiefern (Vorsicht, Harz!), Nuss- oder alte Obstbäume. Der Platzbedarf für solche Naturbäume ist deutlich größer, und manchmal findet Ihre Katze gar nicht einladend, was Ihnen so gut gefällt.

Die meisten Katzen wollen Fetzen fliegen sehen und bevorzugen naturtextiles, faserndes Material: Kokos- oder Maisstrohmatten, Teppichböden, Jute, Sisal oder Seegras. Gerade bei den sisalumwickelten Kratzsäulen müssen Sie darauf achten, dass die Wicklung nicht zu straff ist. Wenn sich Ihre Katze nicht mit den Krallen einhaken und Fasern herausreißen kann, ist das ganze teure Objekt noch nicht einmal für die Katz'. Obwohl diese ausgefaserten Kratzsäulen nach einiger Zeit für Sie nicht mehr so ordentlich aussehen – Ihre Katze nimmt sie umso lieber an. Bieten Sie Ihrer Katze nicht denselben oder einen ähnlichen Teppichboden an, wie er in Ihrer Wohnung liegt. Sie kann dann nicht wirklich einen Grund erkennen, warum an der einen Stelle dieses Material zum Kratzen o. k. ist und überall anders nicht.

Neben den im Handel erhältlichen Eckenschonern können Sie auch ganz einfach Fußabstreifer aus Kokos- oder Sisalfaser an die Wand oder andere passende Plätze montieren.

Nicht alle Kratzplätze müssen senkrecht an einer Wand sein; liegende Kanthölzer, eventuell mit Sisal oder Kokosmatten umwickelt, werden auch sehr gerne angenommen.

Alle Kratzstellen müssen wirklich stabil befestigt sein. Wackelige und instabile Konstruktionen verunsichern die Katze, und sie bevorzugt wieder mal Ihre gediegene Einrichtung.

Freistehende Naturstämme oder Kanthölzer können Sie entweder auf eine ausreichend große Bodenplatte schrauben oder wie Verkehrsschilder in einer größeren flachen Plastikwanne einzementieren. Dieser Untersatz ist dann so schwer, dass ihn

die Katze nicht kippen kann. Markierstellen sollten so hoch reichen, dass sich eine erwachsene Katze daran ganz ausstrecken und leicht hochziehen kann – also ca. 1–1,40 m. Bei den handelsüblichen Kratzbäumen sind die Abstände zwischen den Sitzbrettern oft viel zu klein. Erwachsene Katzen können sich an diesen Säulen nicht strecken, geschweige denn ihrer künstlerischen Arbeit unter diesen beengten Umständen nachgehen.

Hier noch ein paar Beispiele für attraktive Markierstellen, die Sie einfach und platzsparend anbieten können: Türstöcke oder deren Nahbereich, vor allem an wichtigen Wegen in Ihrer Wohnung, Seitenwände von Regalen und Kästen, Eingangsbereich oder Vorraum, Zonen, wo Frustration oder Aufregung erlebt werden könnte, z. B. Fenster, Balkontür oder andere verschlossene Türen.

Sollte Ihre Katze trotz eines inzwischen großartigen katzengerechten Alternativangebots an ihren alten Kratzgewohnheiten festhalten – bitte bestrafen Sie sie nicht. Es gibt nur eine einzige Möglichkeit, Ihrer Katze die neuen Regeln klarzumachen. Die alten Kratzstellen sind durch eine kleine Maßnahme Ihrerseits ganz plötzlich zu nichts mehr zu gebrauchen: Bringen Sie an allen unerwünschten Kratzstellen doppelseitige Klebestreifen oder auch feste Plastikfolie (aus dem Baustoffhandel) an und präsentieren Sie unmittelbar daneben die neue ultimative Kratzgelegenheit. Ihre Katze wird kurz ratlos und frustriert sein und, na gut, dann eben nebenan einen neuen Kratzort gestalten. Kommt ja im richtigen Leben auch hin und wieder vor, dass sich die Umwelt verändert. Keine Strafe und kein Katzenabwehrspray kann so katzengerecht Verhalten verändern wie diese einfache Maßnahme von verbessertem Angebot und einer unbrauchbaren alten Kratzstelle.

Kurz zusammengefasst:

* Katzen kratzen in erster Linie, um sich geruchlich zu präsentieren und ihre soziale Sicherheit zu bestätigen. Es ist

Ausdruck der Persönlichkeit und Lebensfreude Ihrer Katze und Sie verbessern die Beziehung, wenn Sie Ihrer Katze Möglichkeiten für diese Aktivität anbieten.

* Nur durch das Angebot von attraktiven und katzengerechten Markierstellen können Sie verhindern, dass Ihre Einrichtung leidet.
* Jegliche Zwangsmaßnahmen und Strafen sind nicht zielführend, weil sie die Katze ängstigen und ein natürliches Verhalten dadurch nicht verhindert werden kann!

Harnmarkieren

Das ist nun ein Bereich der Katzenkommunikation, wo die Freundschaft aufhört und die Beziehung des Besitzers zur Katze schnell an einen Tiefpunkt kommt.

Daher ist es wichtig, es erst gar nicht zu dieser Beeinträchtigung des harmonischen und friedlichen Zusammenlebens kommen zu lassen.

Harnmarkieren ist ein völlig normales Verhalten von Katzen – männlichen und weiblichen, kastriert und unkastriert. Nicht ganz normal ist es, wenn sie in ihrem unmittelbaren Wohnbereich mit Harn markieren.

Da stellt sich nun die Frage: Warum tun sie es denn?

Nur wenn Sie verstehen, warum Ihre Katze den Mikrowellenherd oder die Schuhe oder die frische Wäsche anpinkelt, können Sie auch eine Lösung dafür finden.

Ganz vereinfacht könnte man sagen, dass es diesen Katzen an Selbstvertrauen fehlt und sie vor allem durch geruchliche Veränderungen in Aufregung geraten.

Wenn sie neue und fremde, intensive Gerüche wahrnehmen, fühlen sie sich verunsichert oder sogar bedroht. Es könnte sich ja eine fremde Alien-Katze von der Venus oder vom Jupiter eingeschlichen haben und die hinterlässt so schaurige Weichspüler-Duftspuren? Ganz genau werden wir nie dahinterkommen, was diese Katzen befürchten, wenn sie mit fremden Gerüchen konfrontiert werden.

Aber wir wissen, wie sie darauf reagieren: Sie überdecken den Fremdgeruch mit ihrem eigenen. Und da wird nicht mit ein bisschen Duft gekleckert, sondern großzügig geklotzt; sie verwenden den intensivsten, der ihnen zur Verfügung steht – Harn! Jetzt riecht alles wieder ganz bekannt und vertraut – die „Feinde vom Jupiter“ sind erfolgreich abgeschreckt.

Und weil sich der Geruch nach einiger Zeit verflüchtigt, muss ihn die Katze wegen der Sicherheit klarerweise immer wieder erneuern.

Daraus entwickelt sich dann ein endloses, frustrierendes Spiel: Katze spritzt wohin – Sie wischen alles mit möglichst duftigem Haushaltsreiniger auf (desinfizierend soll es natürlich auch noch wirken) – Ihre Katze packt angesichts der auf einen großen Bereich verwischten und womöglich mit chlor- oder ammoniakhältigen Reinigungsmitteln vermischten Geruchsstelle das schiere Entsetzen: „Was – so eine Monsterkatze war hier?“ – und: Sie markiert aufs Neue. Irgendwann hat sich dieses Verhalten dann auch noch automatisiert – markiert wird eben, weil hier schon immer markiert wurde.

Welche Möglichkeiten gibt es nun, diesem unangenehmen Verhalten vorzubeugen?

Das Wichtigste ist sicher die Auswahl einer gut sozialisierten und freundlich aufgeschlossenen Katze. Vertrauensvolle und selbstsichere Katzen müssen nicht so schnell zu drastischen Mitteln wie Harnmarkieren greifen, weil sie nicht so schnell zu verunsichern sind. Die Neugier und der Forscherdrang überwiegen und sie wählen, wie wir gleich sehen werden, eine dezentere Form der Markierung.

Eine ganz wichtige Vorbeugemaßnahme sind regelmäßige Duftbotschaften, die Sie Ihrer Katze mitbringen: Vom Einkaufen, vom Spazierengehen, aus dem Garten und von befreundeten Katzenbesitzern. Katzen, die von klein auf immer wieder diese Nachrichten aus der großen, weiten Welt bekommen, sind sehr neugierig und beschnuppern alles ganz genau. Sie fürchten sich nicht vor den geruchlichen Einflüssen und sie müssen sie daher auch nicht großzügig überdecken.

Wenn Sie schon eine ängstliche und unsichere Katze haben, beginnen Sie aber vorsichtig. Ein plötzlicher enthusiastischer Überfall mit neuen Gerüchen kann Ihre Katze zur Verzweiflung bringen – und dann markiert sie erst recht!

Es gibt ein paar Objekte, die von unsicheren Katzen besonders gerne markiert werden. Hier eine mit Sicherheit unvollständige Auswahl:

Schuhe: Sie riechen besonders intensiv nach der fremden und beängstigenden Außenwelt. Ähnliches gilt für Kinderwagenräder. Frisch gewaschene und nach Weichspüler duftende Wäsche – sofort mit Harn

abdecken! Sport- und Reisetaschen oder ähnliche Dinge riechen extrem intensiv oder stehen nur sehr selten herum – sofort Inventarnummer draufgepieselt!

Elektrogeräte (Videorekorder, Fernseher, Computer, Mikrowelle) verändern ihren Geruch, wenn sie in Betrieb sind und auch wenn sie wieder abkühlen – sehr suspekt für Ihre Katze. Sicher ist sicher – lieber eine Harnmarke mehr als eine zu wenig. Kleidung und Ausstattung von Säuglingen – riecht ganz anders und ziemlich intensiv nach Babypuder und Popocreme. Schon wieder ein Alien – man kann nie wissen ...

Ich sehe es als Verpflichtung an, einer Wohnungskatze regelmäßig Abwechslung und geruchliche Forschungsmöglichkeiten anzubieten. Diese Katzen bleiben dann auch in der relativen Abgeschlossenheit einer Etagenwohnung neugierig und geistig fit. Und sie können mit Veränderungen in ihrem Wohnumfeld viel leichter und lockerer umgehen.

Der Austausch einer Sitzgarnitur ist für die Katze ein massiver Eingriff in ihre begrenzte Umwelt – und mit dem können flexible und interessierte Katzen wesentlich besser umgehen.

Ängstliche und unsichere Katzen, die nur in Eintönigkeit und ohne Abwechslung leben, können in Panik geraten und erleben existenzielle Krisen. Und Sie bestimmt auch, wenn Ihr neues Sofa ausdauernd totgepinkelt wird.

Es gibt natürlich auch noch eine Menge anderer Auslöser, die Katzen zu Harnmarkieren veranlassen können – vor allem im Mehrkatzenhaushalt. Lassen Sie sich wirklich frühzeitig von einer verhaltensmedizinisch interessierten Tierärztin beraten oder dorthin überweisen, bevor dieses Verhalten zur Gewohnheit wird.

Ein paar Ideen für geruchliche Abwechslung in der Wohnung:

Bringen Sie Papiersäcke und kleine Kartons vom Einkaufen mit. Die Henkel der Papiertragtaschen sollten Sie aus Sicherheitsgründen durchschneiden. Achten Sie auch darauf, dass Sie keine Kartons mitbringen, die zu sehr nach Waschpulver, Seife oder Ähnlichem riechen. Diese mitgebrachten Kartons und Papiersäcke verlieren ihren Reiz nach ein paar Tagen und Sie können sie wieder durch neue ersetzen.

Gestatten Sie Ihrer Katze immer wieder mal Zugang zur Schmutzwäsche.

Probieren Sie ganz vorsichtig, ob Ihre Katze an Schuhen interessiert ist. Wenn sie eher unsicher reagiert, sorgen Sie dafür, dass keine Schuhe (vor allem von fremden Personen) in der Wohnung frei herumstehen.

Bringen Sie von Spaziergängen kleine Äste, Holzstücke, Wiesenkräuter oder auch Steine mit – Katzen sind besonders an diesen natürlichen Umweltgerüchen interessiert.

Sie können Ihrer Katze auch in der Wohnung oder am Fensterbrett ein kleines Blumenkistchen mit Duftkräutern wie Thymian, Salbei, Lavendel und Minze anbieten.

Oder Sie füllen einen Polsterbezug mit frischem Heu, das Sie in jeder Tierhandlung für Meerschweinchen und Kaninchen in Kleinmengen abgepackt bekommen.

Und zum Abschluss noch ein paar Worte zur **Katzenminze**: Ungefähr die Hälfte aller Katzen gerät in richtiggehende

Ekstase, wenn sie Katzenminze riecht. Katzenminze (Nepeta cataria) enthält Substanzen, die bei Katzen für ungefähr eine Viertelstunde einen Zustand höchster Verzückung auslösen. Sie knabbern an den Blättern oder zerzupfen die ganze Pflanze, rollen und wälzen sich auf allem, was nach Katzenminze riecht und bekommen einen vollkommen entrückten, abwesenden Blick. Bieten Sie Katzenminze nicht dauernd an – erstens verliert sie dadurch etwas an Reiz und zweitens hat Ihre Katze sie vermutlich binnen kürzester Zeit zerzupft und plattgemacht. Alle zwei, drei Tage ein Katzenminze-Trip ist völlig unschädlich, und Sie können damit Ihrer Katze wunderbare Abwechslung bieten und die Minze auch als Belohnung zuteilen.

Neben der Katzenminze löst auch das süßlich duftende Holz vom *Geißblatt (Honeysuckle)* ähnlich verzückte Reaktionen bei Katzen aus. Ein paar kleine Holzstückchen in einen alten Socken oder ein fertiges Honeysuckle-Spielzeug, und das Geruchsabenteuer kann beginnen.

Zur Reinigung von Markierstellen sollten Sie unter gar keinen Umständen chlor- oder ammoniakhaltige Putzmittel verwenden. Am besten eignen sich biologische Waschmittel und Neutralreiniger ohne Bleich- und Duftstoffe. Anschließend sollten Sie auch noch mit Alkohol den Fettanteil des Katzenharns entfernen.

Kurz zusammengefasst:

* Unsichere und ängstliche Katzen neigen dazu, ihre Umwelt mit Harnmarkierungen zu gestalten.
* Wenn Sie Ihrer gut sozialisierten und neugierigen Katze ausreichend Gelegenheit geben, ihrem Forscherdrang nachzukommen, reagiert sie auf Veränderungen in der Wohnung nicht so leicht verunsichert.
* Think Cat – denken Sie wie Ihre Katze und ermöglichen Sie ihr ein interessantes Wohnungsleben, indem Sie ihr Gerüche nachhause mitbringen.

Kopf- und Körperreiben

Neben dem Schnurren ist es vermutlich das beliebteste Verhalten von Katzen. Sogar in der Werbung wird diese freundschaftliche Geste gezeigt, um die „Dankbarkeit" der Katze für ein gutes Futter bildlich darzustellen.

Welche Funktion und Aussage hat das Köpfchengeben und um die Beine streichen nun für die Katze?

Mit Dankbarkeit hat es jedenfalls nichts zu tun, weil auch hier wieder ein menschliches Wertesystem angenommen wird, das für die Katze nicht gilt.

Mit diesem Verhalten verteilt die Katze Gerüche. Für uns Menschen sind diese Pheromone aber nicht wahrnehmbar. Nur die schwarzen Ränder an Türen und Mauerkanten machen für uns sichtbar, was die Katze in erster Linie riecht. Sie markiert mit ein wenig Speichel und den Talgdrüsen, die an Kinn, Wange, Flanke und Schwanzansatz in der Haut lokalisiert sind, ihre Umgebung. Zur Umgebung gehören jedoch nicht nur unbelebte Objekte – auch die Mitbewohner wie andere Katzen, Menschen und sogar Hunde werden markiert. Es entsteht ein vertrauter Gruppengeruch, der immer wieder erneuert und untereinander ausgetauscht werden muss. Das passiert indirekt zum Beispiel, wenn Sie Ihre Katze streicheln und vorher die Hände mit Seife gewaschen haben. Ihre Katze setzt sich sofort nach dem Streicheln hin und putzt sich an den von Ihnen berührten Stellen. Sie integriert damit auch den leichten Seifengeruch Ihrer Hände in den Gruppengeruch und sichert sich selbst wieder ein Zusammengehörigkeitsgefühl. Der direkte Weg ist gemeinsames Kopf- und Körperreiben sowie gegenseitiges Putzen wie es vor allem im Rahmen der Begrüßung stattfindet. In der gleichen Art und Weise werden auch mitgebrachte Dinge wie Kartons, Möbel etc.

in die Erlebnisumwelt integriert. Zuerst eingehendes Beschnuppern und dann ein fließender Übergang in Kopf- und Kinnreiben an allen freien Kanten. Damit ist dieses Objekt ein Teil der vertrauten Umgebung Ihrer Katze geworden.

Diese Art der Markierung wenden Katzen überwiegend dann an, wenn sie sich sozial sicher und entspannt fühlen und nicht in einer aggressiven oder ängstlichen Stimmung sind. Untereinander oder dem Menschen gegenüber wird dieses Köpfchengeben auch manchmal als Selbstinszenierung und Demonstration des eigenen Selbstbewusstseins eingesetzt. Unsichere Katzen können sich sogar bedroht fühlen und fauchen, wenn freche, halbwüchsige Kater kopfreibend vor ihnen sitzen und ihre „Anmach-Masche“ spielen. Es erinnert beinahe an die Nachpfeiferei und die anzüglichen Bemerkungen von Halbstarken in der U-Bahn-Station.

Eine kleine Anregung:

Belassen Sie beim Wohnungsputz zumindest teilweise die schwarzen Markierränder, die Sie in Katzenhöhe an Türstöcken und Möbelkanten finden. Sie sehen zwar etwas unordentlich aus, haben aber eine ganz wichtige Bedeutung für das Wohlbefinden Ihrer Katze. Katzen, die auf diese Art markieren, fühlen sich sicher und vertraut. Und: Schwarze geruchlose Ränder sind immer noch besser als intensiv riechende Harnmarken, die an Wänden und Vorhang entlangrinnen.

Just for fun

Katzen mit Freilauf und Selbstversorgungsauftrag beschäftigen sich bis zu 11 Stunden täglich mit der Jagd. Die Notwendigkeit, sich so intensiv um die Nahrungsbeschaffung zu bemühen, fällt für die reine Wohnungskatze weg. Sie bieten ihr Futter in ausreichender Menge und Qualität an und Ihre Katze ist satt. Aber die ganze Energie, die sie normalerweise für die Jagd verbrauchen würde, sammelt sich in der Katze nun ungenützt. Bestimmte aggressive Attacken oder hyperaktive Anfälle von Raserei sind häufig auf diesen Mangel an Jagdmöglichkeiten zurückzuführen. Es ist nämlich ein weitverbreiteter Irrtum, dass Katzen nicht mehr jagen würden, wenn sie regelmäßig gefüttert werden. Die meisten Besitzer von gut gefütterten Freilaufkatzen werden mit ganz oder beinahe toten Mäusen, Eidechsen und Vögeln bedacht, die ihre Katzen gleich nach dem Frühstück aus dem Garten mitbringen und unter dem Esstisch präsentieren.

Katzen zeigen Jagd- und Fressverhalten unabhängig voneinander – und das aus gutem Grund. Die Beutetiere von Katzen sind sehr klein und geben keine großen Schlemmermahlzeiten ab. Und weil für die Katze ja nie so ganz klar ist, wann sie auf der Jagd nach den kleinen Grauen wieder einen Erfolg haben wird, ist es doch sicherer, allzeit bereit zu sein. Lieber eine Maus aus Trainingsgründen zu viel gefangen und nicht gefressen, als erfolglos und hungernd vor einem Mausloch zu warten. Die Jagdleistungen von Bauernhofkatzen, die sehr hungrig auf die Jagd gehen müssen, werden durch den Hunger-Stress nämlich eher schlechter.

Diese durch die lange Entwicklungsgeschichte der Katze gefestigte, wichtige Überlebensstrategie geht natürlich nicht in drei Generationen Wohnungshaltung verloren.

Also müssen Sie Ihrer Katze alternative Möglichkeiten schaffen, diesen Jagdtrieb auch in der Wohnung auszuleben. Dieser wesentlichste Teil der Katzennatur kann nicht unterdrückt oder geleugnet werden.

Frei lebende Mäuse, Vögel und Blindschleichen in der Wohnung kommen für Sie ja wahrscheinlich weniger infrage und sind auch nicht notwendig. Fressen und Jagen sind wie gesagt nicht zwingend aneinander gekoppelt, und das macht die Sache etwas einfacher.

Was löst denn nun bei einer Katze Jagdverhalten aus, wenn der Hunger nicht die grundlegende Motivation ist?

Katzen haben im Allgemeinen zwei unterschiedliche Jagdstrategien. Die eine ist der langsame Streifzug durchs Revier. Sobald die Katze ein Geräusch hört, das von einem passenden

Beutetier stammen könnte, richtet sie sofort ihre ganze Aufmerksamkeit in diese Richtung. Sieht sie dort dann tatsächlich ein Opfer, beginnt die eigentliche Jagd: Belauern, Anpirschen, Planen, vollständige, perfekte Konzentration und höchstgradige Anspannung im ganzen Körper. Eine ganz kleine, schnelle Bewegung oder ein Fluchtversuch des Beutetiers reichen dann, um den Sprung auszulösen.

Die andere Jagdtechnik ist das geduldige Abwarten zum Beispiel vor einem Mausloch. Bevor sich die Katze in sicherer Entfernung hinsetzt, überprüft sie am Geruch, ob sich der Ansitz überhaupt auszahlt. Durchschnittlich warten Katzen eine halbe Stunde, ehe sie aufgeben. Wenn eine Maus erscheint, wartet die Katze, bis sie sich ein wenig vom Eingang entfernt hat und springt erst dann mit einem punktgenauen Satz direkt auf die Maus.

Das anschließende Spielen mit der Beute wird von uns immer als besonders grausam empfunden. Es ist aber ein ganz wesentliches Überlebenstraining für die Katze und hat keinerlei sadistischen Hintergrund, wie er ihr so gerne unterstellt wird. Vor allem junge und satte Katzen spielen mit ihren Opfern und trainieren damit die jagdlichen Fähigkeiten und Techniken, die sie zum Überleben brauchen (oder gebraucht haben).

In Untersuchungen hat man festgestellt, dass sich die Jagdbegeisterung der Katze nach ungefähr 15 hintereinander erlegten Mäusen erschöpft hat und sich dann erst nach einer gewissen Ruhezeit wieder aufs Neue einstellt.

Wenn wir diese Informationen zusammenfassen, sehen Sie ganz klar, wie Sie Ihre Katze jagdlich begeistern und beschäftigen können und sogar müssen: Raschelnde, kratzende und leise pfeifende, fiepende Geräusche ziehen die Aufmerksamkeit der Katze sofort an – es funktioniert wie ein kleiner roter Knopf, auf dem „on“ steht.

Kleine Öffnungen, durch die gerade eine Maus passen könnte, oder auch dunkle Höhlen in dieser Größe sind für die meisten Katzen absolut unwiderstehlich.

Das Wichtigste bei allen Jagdspielen ist Bewegung: Nur bewegliche Beute ist lebendig und löst einen Angriff aus! Manche spielfreudigen Katzen bewegen ihre Beute eine Zeit lang selbst, aber die gesetzteren ernsten Typen denken nicht daran, sich mit solchen Kindereien abzugeben.

Aber auch diese Katzen können sich ihrem eingebauten Jagdprogramm nicht entziehen, wenn Sie die Spielmaus mit kleinen ruckartigen Bewegungen in einem Loch verschwinden und wieder auftauchen lassen.

Beutetiere von Katzen sind deutlich kleiner als sie selber, und alles, was größer als eine Ratte ist, löst bei den meisten Katzen eher ängstlichen Rückzug als Jagdfieber aus.

Etwas vereinfacht kann man das Beutespektrum der Katze in fünf Gruppen einteilen:

* Mäuse und andere Kleinsäuger wie Siebenschläfer, Spitzmäuse, Maulwürfe etc.
* Eidechsen, Schlangen und sogar Regenwürmer
* Fliegen, Heuschrecken, Schmetterlinge sowie andere Insekten
* für manche Katzen Fische, Frösche, Molche
* und schließlich noch Vögel.

Um ein geeignetes Spielzeug auszuwählen, müssen Sie sich dieses natürliche Beutespektrum der Katze vor Augen halten. Mit ein bisschen Fantasie sehen Sie sehr schnell, ob Sie eine geeignete Beuteattrappe in der Hand haben oder bunten Firlefanz, der für interessante Katzenspiele keinerlei Bedeutung hat.

Nicht alle Katzen hegen für alle Beutetiere die gleiche Begeisterung. Es gibt zwar echte Universalisten, die mit großer Jagdleidenschaft alles erbeuten, was sich bewegt. Aber die meisten Katzen haben einen speziellen Beutetyp, den sie eindeutig bevorzugen. Das sind die echten Spezialisten, die mit großer Vorliebe beispielsweise alles schlangenähnliche Getier oder vorzugsweise fliegende Objekte fangen. Nach einiger Zeit kennen Sie bestimmt die besonderen Leidenschaften Ihrer

Katze und wissen, mit welchem Jagdspiel Sie ihr die größte Freude machen.

Katzen sind Lauerjäger und stürmen nicht wie Hunde ungestüm auf jede bewegte Beute los, verfolgen und hetzen sie bis zur Erschöpfung. Zuerst wird einmal genau abgecheckt, wie die Chancen stehen und alle Sprungdaten und Entfernungen werden ganz genau berechnet.

Für manche Besitzer sieht das nach einer faden Spielpartie aus, aber die Katze findet es höchst spannend, weil ein Teil der Jagd schon in ihr stattfindet. Der Sprung, den Sie sehen, ist erst der letzte Teil einer langen Verhaltenskette.

Und nicht zuletzt müssen Katzen beim Jagdspiel hin und wieder Erfolg haben. Sie können zwar als Jäger eine ganze Menge Frustration verkraften, aber gerade im Spiel mit Ihnen sollte sie tolle Jagderfolge haben, um nicht die Lust daran zu verlieren.

Frustration erleben die meisten Wohnungskatzen ohnehin schon den ganzen Tag, wenn sie am Fenster oder auf dem Balkon sitzen und den Vögeln nur zuschauen, sie aber nie erreichen können.

Wenn Sie mit Ihrer Katze nach einem spannungsgeladenen und mit Jagdfantasien angefüllten Alltag am Aussichtsplatz eine regelmäßige Spielrunde einlegen, bleibt sie auch psychisch im Gleichgewicht.

Hier nun ein paar Anregungen für Katzenspiele:

Obwohl Jagd- und Fressverhalten nicht unmittelbar und zwingend zusammenhängen, zu Beginn einige Möglichkeiten, mit *Futtermotivation* Jagdverhalten auszulösen.

Wie Sie ja schon wissen, sind Katzen Snackesser und Sie sollten ihr aus verschiedenen vernünftigen Gründen dennoch nur zwei Haupt-Mahlzeiten täglich anbieten. Hier nun die schon angekündigten Snacks, die den Tag abwechslungsreicher machen:

Verteilen Sie ab und zu Trockenfutter in kleinen Portionen oder einzelnen Stückchen in Ihrer Wohnung: Wählen Sie verschieden schwer zugängliche, aber erreichbare Plätze, beispielsweise in Nischen, auf Vorsprüngen, unter Teppichkanten als Verstecke. Das Futter muss dabei nicht unbedingt sichtbar, sollte aber riechbar sein. Und Ihre Katze soll sich ruhig einmal den Kopf zerbrechen oder auch körperlich betätigen müssen, um an die kleinen Beutestücke heranzukommen. Sie werden fasziniert sein, mit welcher Ausdauer Katzen schnuppernd durch die Wohnung wandern und alle Plätze untersuchen, wo sie nur jemals ein kleines Futter-Kugerl gefunden haben. Wechseln Sie die Plätze ab und bedienen Sie nicht immer dieselben Verstecke – das erhöht die Spannung für Ihre Katze.

Eine Variation für etwas fortgeschrittene Katzen ist verpacktes Trockenfutter: Als Einstiegsübung können Sie die kleinen Papierkuverts von Teebeuteln verwenden und dann auf mehr oder weniger kleine Kartons umsteigen. Jetzt muss sich Ihre Katze nicht nur auf die Suche nach der Beute machen, sondern diese auch noch an einen sicheren Ort tragen und zerlegen, um an die paar Stück Trockenfutter heranzukommen.

Ein etwas zeitintensiveres Spiel ist Trockenfutter-Jagen: Dazu rollen Sie einfach einzelne Stückchen Trockenfutter quer durch die Wohnung und lassen sie von Ihrer Katze fangen. Wenn Sie die täglichen Mahlzeiten so gestalten und das mit Ihrer Katze einige Zeit durchhalten, können Sie sie ganz schön abspecken und auf Trab bringen, ohne dass sie viel hungern muss.

Ein interessantes Suchspiel bringt auch ein Karton mit Holzwolle oder Heu und einzelnen, darin versteckten Trockenfutterkugerln.

Im Fachhandel gibt es kleine Plastikbälle mit einem Loch, durch das gerade ein Trockenfutterkugerl passt. Indem Ihre Katze diesen mit Futter gefüllten Ball durch die Wohnung rollt, fällt ab und zu ein kleines Stück heraus: Sie muss sich im wahrsten Sinne des Wortes jeden Bissen verdienen.

Im Baumarkt bekommen Sie gelochte Rasensteine, die für befestigte Grünflächen oder Parkplätze Verwendung finden. In deren Löchern können Sie Futter, Zahnhygiene-Snacks, aber auch Spielmäuse oder andere interessante Spielobjekte verstecken. Nahezu alle Katzen sind von kleinen dunklen Löchern magisch angezogen, insbesondere dann, wenn ab und zu Futter drin zu finden ist. Mit dem Untersuchen und Herausangeln der Beute haben Sie schon wieder auf einfache Art neue Beschäftigungsmöglichkeiten in den Katzenalltag gebracht.

Als *Katzenspielzeug* eignen sich unglaublich viele Dinge – und mit etwas Fantasie und Bastelfreude müssen Sie nur wenige eigens kaufen. Es sind die kleinen und unscheinbaren Sachen, die Sie normalerweise ohne lange Überlegung in den Mülleimer werfen. Wenn Sie einmal erlebt haben, welche Begeisterungsanfälle ein kleiner Kabelbinder, ein Befestigungsring vom Duschvorhang, ein Paketband aus Kunststoff oder eine

Spanplattenschraube bei Ihrer Katze auslösen kann, dann beginnen Sie vielleicht des Öfteren eines dieser potenziellen Spielzeuge genauer zu betrachten, bevor sie es achtlos wegräumen. Es gibt fast nichts, mit dem Katzen – junge vor allem – nicht spielen können. Es muss nur ein paar Grundvoraussetzungen erfüllen: Klein und irgendwie ins Beuteschema passend, beweglich sein und ein bisschen Geräuschkulisse bieten, wie knistern, rascheln oder quietschen.

Aber Vorsicht! Bei Ihrer Betrachtung sollten Sie auch abwägen, ob dieses Spielzeug für Ihre Katze gefährlich werden könnte so wie Kabelbinder, Schrauben und Paketbänder ...

Ganz allgemein sind verschluckte Fremdkörper bei Katzen weniger häufig als bei Hunden, jedoch nicht minder gefährlich und dramatisch.

Absolut tabu sind Nadeln, insbesondere eingefädelte *Nähnadeln* müssen mit Abstand am häufigsten aus Katzeninnereien entfernt werden – aus der Zunge, dem Gaumen, der Kaumuskulatur bis zum Magen und Darm, wo sie sich durchspießen können.

Nicht weniger gefährlich sind *Geschenkbänder*, die sich so schön kringeln und glitzernd durch die Gegend rascheln. Auch diese werden sehr häufig gefressen und fädeln den Darm auf. Diese Situation ist absolut lebensbedrohlich, da hilft nur mehr die rasche Operation.

Manche Katzen entwickeln eine unglaubliche Vorliebe für *elastisch-gummiähnliche Dinge und Plastik*, zerkauen und schlucken sie: Moosgummiteile, Gummiringerl, Igelbälle, Gummischlappen, Badematten, Kinderschnuller und vieles andere mehr musste schon von Tierärzten aus Katzengedärmen entfernt werden.

Das bedeutet nicht, dass Sie auf alle diese gefährlichen Spielzeuge ganz verzichten müssen. Gewisse potenziell gefährliche Spielsachen sollten Sie aber *nur* dann auspacken, wenn Sie aktiv mit Ihrer Katze spielen. Das erhöht natürlich die Attraktivität der Spielstunden ganz ungemein, weil Sie immer wieder neues und interessantes Spielzeug als Überraschung zum Vorschein bringen.

Dazu gehören alle Spielsachen, die verschluckt werden können, an elastischen Schnüren oder dünnen Bändern befestigt sind, und alle Gummispielsachen, insbesondere wenn Sie einen „Plastikfreak“ zuhause haben. Sicherer ist es allemal, wenn Sie Ihrem Gummifresser gar keine solchen Spielsachen heimbringen. Dann können Sie auch keinen Igelball unterm Schrank vergessen und nach einigen Tagen, vielen Sorgen und einer teuren Darmoperation von Ihrer Tierärztin daran erinnert werden.

Auch nicht ganz ungefährlich, aber bei sorgsamer Handhabung ein wirklich schönes Katzenspiel ist der Laserpointer. Fast alle Katzen rasen mit großer Begeisterung die Wände hoch, wenn der kleine rote Punkt auftaucht. Aber weder beim Menschen noch bei der Katze darf der Laserstrahl direkt auf die Augen oder auf reflektierende Flächen gerichtet werden, weil das Laserlicht die Netzhaut beschädigen kann.

Und Sie sollten bedenken, dass dieses Spiel für die Katze *äußerst frustrierend* ist, weil sie nicht den geringsten Jagderfolg erleben kann, obwohl doch dieser lebhafte Punkt so animierend ist. Daher kann der Laserpointer für die Aktivierung und Aufwärmphase eines Spiels toll sein, aber anschließend muss die Katze *unbedingt* Gelegenheit zu richtiger Jagd mit Erfolgserlebnis haben. Packen Sie also nach der Aufwärmrunde die Spielmäuse, Federbüschel, Cat-Dancer® oder einen kleinen Leckerbissen aus, nachdem Sie die Katze mit dem roten Punkt aufgezogen und aktiviert haben, sonst erlebt Ihre Katze einen sehr frustrierenden Energiestau, der sich irgendwann in Aggression oder sogar Stereotypien äußern wird. Dasselbe gilt für Seifenblasen, die manche Katzen mit großem Eifer jagen – aber dann immer wieder nur Luft zwischen den Pfoten haben. Sie spielen ja mit Ihrer Katze, um ihr Selbstvertrauen und artgerechte geistige und körperliche Abwechslung zu bieten und nicht um ihr Leben noch frustrierender zu gestalten. Nach einem wirklich aufregenden und erfolgreichen Jagdspiel sollten Sie auch noch eine kleine Phase des gemeinsamen Cool down einplanen. Ein plötzlicher Spielabbruch, weil Sie dringend ins Büro müssen, kann für Ihre Katze extrem frustrierend sein und wie eine Strafe wirken. Besser ist es, wenn Sie das Spiel langsam ausklingen lassen, weil die Beute müde und irgendwann tot ist und sich nicht mehr bewegt.

Tischtennisbälle sind ein geradezu idealer Beuteersatz für Katzen: Klein, ein bisschen Geräusch und sehr beweglich. Ein Tischtennisball in der Badewanne kann ein wirklich ausgedehntes Unterhaltungsprogramm für Ihre Katze sein. Aus einer leeren Kleenex-Schachtel und einem Tischtennisball drin haben Sie im Handumdrehen ein einfaches und preisgünstiges Angelspielzeug für Ihre Katze gebastelt. Eine interessante Variante ist auch die Verbindung von zwei Tischtennisbällen mit einer Schnur – immer wenn Ihre Katze den einen Ball anstupst, bewegt sich auch der andere mit. So entsteht ein wenig Unberechenbarkeit und Ihre Katze ist nicht so schnell gelangweilt von dem schon bekannten Spiel.

Die kleinen grauen Spielmäuse stehen bei nahezu allen Katzen sehr hoch im Kurs, weil sie das natürliche Beuteschema der Katze sehr gut erfüllen. Die Lebenserwartung der Spielmäuse ist meistens ähnlich gering wie die von echten Mäusen, weil sie binnen kürzester Zeit zerlegt sind und der kleine Fellbezug manchmal sogar gefressen wird. Sobald die Plastikteile angekaut werden, ersetzen Sie die Mäuse aus Sicherheitsgründen unbedingt durch ein paar neue.

Alle diese Spielsachen haben den Nachteil, dass die Katze zwei Rollen übernehmen muss: Sie ist sowohl Jäger als auch Beute. Das ist wie alleine Schach spielen – ohne Schachcomputer. Für einen richtigen Profi ist das keine besonders große Herausforderung.

Deshalb müssen Sie regelmäßige Spielstunden veranstalten – dabei übernehmen Sie die Rolle der Beute und Ihre Katze darf sich ganz aufs Jagen konzentrieren.

Für diese tägliche Spielstunde gibt es zahlreiche katzengerechte und interaktive Spielsachen. Diese werden von Ihnen sicher aufbewahrt und nur für diese Spielzeiten hervorgeholt. Haben Sie einmal die abendliche Spielstunde etabliert, wartet Ihre Katze mit der gleichen Ausdauer vor dem Spielzeugschrank wie vor dem Küchenschrank mit Katzenfutter.

Die Katzenangel: An einem kurzen Stab wird mit einer Schnur ein kleines Spielobjekt, z. B. ein Federbüschel oder eine kleine Fellmaus, befestigt. Wenn Sie dieses Spielzeug fertig kaufen, achten Sie darauf, dass das Spieltier am Ende der Schnur nicht zu groß ist, weil sich schüchterne Katzen vor diesen bunten großen „Monstermäusen" fürchten und sie ganz und gar nicht jagen wollen. Es reicht, wenn Sie ganz kleine Federbüschel, Raschelpapier oder ein Stofffetzerl am Ende der Schnur befestigen, weil sie besser ins Beuteschema der Katze passen, als die dicken Stofftiere mit den Schlenkerfüßen. Mit dieser Angel können Sie ausgedehnte und katzengerechte Jagdspiele veranstalten, indem Sie die abrupten Bewegungen und das unsicher-ängstliche Verhalten einer Maus nachahmen: ruckartig hinter Ecken oder in Löchern verschwinden, sichernd vor einer Raumquerung ausharren oder immer an der Wand entlang. Und Ihre Finger bleiben heil, wenn Ihre Katze bei der Jagd erfolgreich ist.

Mit Federbüscheln an der Angel schaffen Sie es ganz leicht, zum Vogel zu werden und Sie werden staunen, zu welchen körperlichen Höchstleistungen Ihre Katze im Stande ist.

Das Federbüschel: An einem elastischen kurzen Stab oder Draht wird ein Federbüschel oder eine kleine Federboa befestigt. Mit dem Federbüschel in der Hand sollten Sie sich in einen Vogel hineinversetzen: Ein bisschen am Boden herumhüpfen, dann auf einen Ast, wieder auf dem Boden herumpicken und schon ist er wieder weggeflogen ...

Vögel sind zwar viel schwieriger zu fangen als Mäuse, aber Sie dürfen sich als Beutetier ruhig öfter einmal opfern. Nach einer kurzen Phase des Festhaltens und stolzen Herumtragens der Beute nehmen Sie sie Ihrer Katze wieder sanft ab und das Spiel kann von Neuem beginnen.

Aus einem Kunststoffband, wie es zur Paket- und Palettensicherung verwendet wird, lässt sich ein weiteres interessantes Spielzeug basteln (Vorsicht – bedenken Sie die scharfen Kanten und ziehen Sie niemals daran, wenn Ihre Katze das Band festhält). Durch die relative Steifheit des Materials werden die ruckartigen und unberechenbaren Bewegungen von Mäusen, Eidechsen und anderem Kleingetier sehr gut imitiert. Befestigen Sie am Ende eine kleine Spielmaus, ein Federbüschel oder eine Kombination aus Kork, Federn und Schraube. Das ruckelt und hüpft über den Boden und macht ein wenig Lärm, wenn Sie damit langsam (oder auch schneller) durch die Wohnung wandern. Anfangs werden Sie sich dabei bestimmt ein bisschen dämlich vorkommen, aber nach einer kurzen Beobachtungs- und Aufwärmphase nimmt Ihre Katze die Herausforderung an. Achten Sie anfangs überhaupt nicht auf Ihre Katze und gehen Sie einfach völlig ahnungslos wie eine Maus an ihr vorüber und um die nächste Ecke. Und, weil Sie ja noch immer ahnungslos sind, auch wieder zurück. Katzen, die interaktives Spiel mit ihren Besitzern nicht gewohnt sind, beobachten nur eine Zeit lang und steigen vielleicht erst nach ein paar Tagen mit ein.

Ein verblüffend einfaches, aber unglaublich vielseitiges Spielzeug ist ein elastischer Draht, an dessen Ende lediglich ein paar winzige Papierröllchen befestigt sind. In den USA ist dieses Katzenspielzeug unter dem Namen „Cat-Dancer ®" bekannt. Sie halten diesen Draht nur ganz leicht zwischen den Fingern und bringen ihn zum Schwingen – Sie werden staunen, was in Ihrer Katze steckt.

Ganz wichtig für die Jagd ist ausreichende Deckung – hohes Savannengras, Erdhügel oder Felsen zum Beispiel. Weil nun auf Ihrem Parkettboden in der aufgeräumten Wohnung jegliche

Deckung fehlt, müssen Sie da eben ein wenig nachhelfen. Kartons in verschiedenen Größen, ein Wäschekorb, ein Papiersack (Henkel durchschneiden!) und leicht zerknülltes Packpapier oder auch in Falten geworfene Teppiche und Decken eignen sich für diese Jagd- und Versteckspiele hervorragend.

Wenn Ihre Katze gar nicht mitspielen will, überprüfen Sie, ob Ihr Spielangebot wirklich katzengerecht, animierend und echt genug ist. Das Ganze sollte wirklich so realistisch wie möglich sein – keine natürliche Beute würde vor der Nase Ihrer Katze herumbaumeln oder sich auf sie zubewegen! Mit einem Wollknäuel unmittelbar vor den Pfoten herumhüpfend erscheinen Sie nicht sehr glaubwürdig, und die Begeisterung Ihrer Katze wird zunehmend geringer werden. Immerhin haben Sie einen echten, vielseitigen Jagdprofi vor sich sitzen, und da ist der Anspruch an gute Jagdspiele groß, wenn Sie sich nicht lächerlich machen wollen.

Sind Sie sich ganz sicher, dass Sie als Maus, Schmetterling, Vogel oder Eidechse überzeugend und glaubwürdig sind, und Ihre Katze liegt immer noch träge herum, veranlassen Sie einen Gesundheits-Check bei Ihrer Tierärztin. Möglicherweise mag sie sich ja nicht bewegen, weil sie Übergewicht und Schmerzen hat, oder es fehlt ihr wegen einer Herzerkrankung die Bewegungsfreude.

Selbstbewusste Katzen inszenieren sogar richtige Abfangen- und Versteckspiele mit ihren Besitzern: Losrennen – verstecken – ganz erstaunt auf die Entdeckung reagieren und aufs Neue losrennen – Kurzstopp kehrt und schon wieder: huch!! und ein Luftsprung kehrt.

Kontaktspiele sind nicht mit allen Katzen möglich, weil einige rasch zu grob werden und der Übergang von Spiel zu Spielaggression fließend ist. Sie packen ihr Opfer mit den Vorderpfoten, halten es auf der Seite liegend fest und treten fest mit den Hinterbeinen. Speziell Kater können dabei sehr grob werden, sie verkrallen und verbeißen sich am Unterarm, während sie treten. Wenn sich Ihr Rambotyp auch durch Wehklagen und Erziehung nicht davon abhalten lässt, bietet man ihm besser andere Alternativen als die eigenen Hände an.

Grundsätzlich sollten Sie niemals Ihre Finger als Beute anbieten, selbst wenn es noch so verlockend und bequem erscheint. Jagdspiele sind für die Katze eine ernste Angelegenheit und im Eifer kann sie schon einmal fest zubeißen. Bei jungen Katzen mag Ihnen das noch harmlos erscheinen. Nur – Sie haben Ihrer Katze die Jagd auf menschliche Körperteile gezeigt. Und Ihre Katze unterscheidet in Zukunft nicht zwischen streichelnden und beutespielenden Händen. Sie beißt, wenn Sie sie eigentlich nur streicheln wollen – keine Bosheit Ihrer Katze – Sie haben es ihr nicht anders beigebracht.

Sie können daher aus einem alten Socken gefüllt mit ein bisschen Watte, Dinkelspelzen oder Heu, das Ganze mit Katzenminze vermischt, ein Tretobjekt basteln. Das kann Ihr Wüstling dann nach Herzenslust bearbeiten und seine überschüssigen Energien loswerden.

Auch volle Klopapier- und Küchenrollen erfüllen den gleichen Zweck und machen Ihrer Katze viel Freude – es sieht in Ihrer Wohnung dann vielleicht etwas unordentlich aus ...

Die beste Tageszeit für Spielstunden ist abends nach der Fütterung, für besonders aktive und lebhafte Katzen müssen Sie auch noch eine kurze Morgenschicht einlegen. Eine Spieleinheit sollte mindestens 15 Minuten dauern – sonst bleibt Ihre Katze nach der Aufwärmphase auf Hochtouren und hat keine Möglichkeit, die aktivierten Energien loszuwerden. Dann leiden Sie oder auch die Partnerkatze unter den Überfällen eines unausgelasteten Banditen.

Kurz zusammengefasst:

1. Interaktives Spiel mit Wohnungskatzen ist ein unbedingtes Muss, um Langeweile, Übergewicht, Hyperaktivität und Aggression zu vermeiden.

2. Orientieren Sie sich beim Spiel mit Ihrer Katze an den natürlichen Auslösern und dem Beutespektrum für das Jagdverhalten: Geräusche wecken das Interesse und ruckartige Bewegungen lösen den Beutefang aus.
3. Halten Sie bestimmte interessante Spielsachen unter Verschluss, damit sich Ihre Katze nicht verletzen kann oder durch Verschlucken von Fremdkörpern geschädigt wird. Außerdem bleiben dadurch das Interesse am Spiel und auch das Spielzeug länger erhalten.
4. Die Spieleinheiten müssen ausreichend lang sein, damit die Katze auch die Aktivität ausleben kann und nicht noch mehr anstaut.
5. Geben Sie Ihrer Katze die Chance, das zu tun, was sie am allerbesten kann: Jagen!

Die dritte Dimension

Im spielerischen Überschwang oder auch bei Gefahr klettern Katzen auf Bäume oder erhöhte Stellen. Sie nehmen schwungvoll Anlauf und klettern in einem durch so weit, bis sie von den ersten Ästen gehindert werden. Mit dem Abstieg haben manche unerfahrene Katzen Schwierigkeiten, weil sie sich kopfabwärts nicht mit ihren Krallen festhalten können. In derselben Haltung hinunter- wie hinaufzuklettern erfordert aber Mut und Erfahrung, denn es fehlt ja die Sicht auf die Trittflächen. Am liebsten ist es den Katzen, wenn sie beim Abstieg in kleinen Etappen springen können.

Sehr hohe Sprünge versucht die Katze zu verkürzen, indem sie sich mit den Vorderpfoten so weit wie möglich herunterlässt, während sie noch mit den Hinterpfoten Halt hat. Erst wenn sie sich ganz gestreckt hat, springt sie. Die Aufsprungenergie wird sofort von den Vorderpfoten über die Wirbelsäule auf die kräftigen und stark gewinkelten Hinterbeine weitergeleitet und in einen Vorwärtssprung umgesetzt. Besonders ältere und übergewichtige Katzen mit abgenützten Gelenken und Gelenkschmerzen versuchen nach Möglichkeit, solche senkrechten Abwärtssprünge zu vermeiden.

Unter Freilaufbedingungen suchen sich Katzen Aussichtsplätze an erhöhten Punkten, von wo aus sie einen weiten Rundumblick haben. Auf erhöhten Plätzen fühlen sich Katzen sehr viel wohler und sicherer, weil sie ihre Umgebung unter Kontrolle haben.

Und sie sind auch uns Menschen sehr viel näher, wenn sie in Augenhöhe sitzen können, um uns nach Katzenmanier von Nase zu Nase und mit Kopfreiben zu begrüßen.

Die allerkleinsten untersuchten Reviere von Freilaufkatzen haben ungefähr 200 Quadratmeter – diese Fläche werden Sie einer Wohnungskatze nur in Ausnahmefällen anbieten können. Deshalb ist es wichtig, dass Sie die Struktur und Qualität Ihrer Wohnung entsprechend gestalten.

Sie schaffen mehr Wohnfläche, indem Sie Ihrer Katze nicht nur den Fußboden, sondern dazu noch die dritte Dimension des Raumes zur Benützung anbieten.

Nichts ist für Katzen schlimmer als ein auf den zweidimensionalen Bereich des Fußbodens beschränktes Leben, weil Sie alle Regale voll gestellt haben, der geschlossene Wandverbau keine Aufstiegsmöglichkeiten bietet; Tische, Couch und Küche samt Oberbau tabu sind. Abgesehen davon ist es nur mit sehr großem Einsatz möglich, Katzen von allen diesen erhöhten Plätzen fernzuhalten. Spätestens, wenn Sie außer Haus sind, liegt sie wieder im Sonnenfleckchen auf dem Esstisch und untersucht die Anrichte nach interessanten übrig gebliebenen Bröseln.

Mit dauernder Bestrafung und vielen Tabuzonen verschlechtern Sie nur die Beziehung zu Ihrer Katze, ohne den gewünschten Effekt zu erzielen – sie macht es eben nur mehr in Ihrer Abwesenheit.

Stellen Sie sich also darauf ein, dass eine reine Wohnungskatze einen Teil Ihrer Möbel auf ihre Art benützt. Einfach, indem sie oben sitzt oder sie als Auf- und Abstiegsmöglichkeiten zu noch höheren – und besseren – Plätzen benützt. Das ist natürlich auch gleichbedeutend mit einer mehr oder weniger starken „Behaarung“, die Sie dann auf Ihren Sitzgelegenheiten vorfinden werden. Ein gewisses Maß an Katzenhaaren auf Ihren Möbeln ist einfach unvermeidlich, wenn Sie eine Katze besitzen. Doch Sie können ihr ein paar gute Alternativangebote machen.

Betrachten Sie Ihre Wohnung wieder einmal mit Katzenaugen und prüfen Sie, welche Plätze guten Überblick bieten, ohne selbst mitten im Rampenlicht zu sein. Und schauen Sie, wie Sie diese Plätze erreichen könnten, wenn Sie nur so klein wie Ihre Katze wären. Hier können Sie dann mit Kartons oder weichen Sitzdecken legale Sitzplätze anbieten. Erst wenn Sie Ihrer Katze ein paar ultimativ unwiderstehliche Angebote gemacht haben, können Sie sich einzelne Tabuzonen vorbehalten. Und diese wenigen Verbote können Sie dann auch katzengerecht durchsetzen – denn sie lassen sich doch erziehen, wie wir noch sehen werden.

Zusätzlich zu Ihrer bereits vorhandenen – mehr oder weniger geeigneten – Einrichtung sollten Sie auch Klettermöglichkeiten schaffen, die nur Ihrer Katze gehören.

Die meisten angebotenen Kratzbäume sind zwar in vielen Farben zu jedem Wohnzimmer passend erhältlich, erfüllen aber nur selten die Ansprüche der Katze an schwungvolles Klettern.

Die Kletterstrecke ist nicht durchgehend und meistens schon nach 80 cm von vorstehenden und behindernden Sitzbrettern unterbrochen. In vielen Fällen ist sogar die Klettersäule für die Katze völlig unbrauchbar im Zentrum der Sitzbretter befestigt.

Die Abstände zwischen den Sitzbrettern sind mit nur 45–55 cm viel zu klein. Die Katze muss sich beim Abstieg mühsam in die Zwischenräume hineinwinden, außer sie wagt den direkten Sprung von oben. Wackelige oder unsichere Konstruktionen sind ausgesprochen gefährlich, wenn sie von der Katze im vollen Lauf einer wilden Jagd angesprungen und womöglich umgeworfen werden. Die meisten Katzen gehen in diesem Fall auf Nummer sicher und verweigern diese Kratzbäume ganz einfach.

Auch viele der für Besitzeraugen liebevoll und wunderschön gestalteten Naturkletterbäume eignen sich nur selten für explosive Ausbrüche in die dritte Dimension.

Einige Tipps für den Klettergarten in der Wohnung:

Keine Sorge: Eine Klettermöglichkeit für Ihre Katze benötigt nicht viel Platz. Oder doch – einen, den Sie ohnehin viel weniger nützen als Ihre Katze, nämlich die Raumhöhe.

Sie können auf einem raumhohen Vierkantholz mit

10 x 10 cm Kokosläufer oder ähnliches naturtextiles Material anbringen (mit U-Haken oder Schrauben mit Beilagscheiben),

so ähnlich wie für die Kratzstellen. Diese Säule schrauben Sie mit Winkeln an der Wand fest. Noch besser ist die Montage mit etwas Abstand – ca. 20 cm – von der Wand, sodass Ihre Katze rundum klettern kann. Diesen Abstand erreichen Sie, indem Sie zwei oder mehr Vierkanthölzer im rechten Winkel an der langen Säule anschrauben und den Kletterbaum mit diesen Querstreben wie ein F oder ein E an der Wand befestigen. An diesen Querbalken können Sie dann auch die benötigte Anzahl Bretter für den Abstieg montieren. Die Abstiegsbretter sollen für die Katze mit einem Sprung im 45–60-Grad-Winkel erreichbar sein und die Abstände wenig mehr als eine gesamte Körperlänge der Katze ausmachen.

Sie können natürlich auch bereits bestehende Regale, Kommoden oder Sofalehnen in den Abstieg integrieren. Wenn Sie es nicht tun – Ihre Katze macht es bestimmt.

Je nach Position des Kratzbaums (in einer Ecke) können Sie auch noch eine Hängematte aus 2 Vorhangstangen und einem Flickenteppich oder anderen waschbaren und stabilen Stoffen zwischen Wand und Kratzsäule hängen.

Eine andere platzsparende Variante ist die Kletterwand. Sie stellen Ihrer Katze einfach einen senkrechten Raum zu Verfügung, den Sie ohnehin kaum nützen, z. B. eine ungenützte Wand neben der Garderobe im Vorraum, die Schmalseite eines Schranks, Regals oder Wohnzimmerverbaus. Auf einer passenden Holzplatte wird wieder

Kokosläufer oder ähnliches textiles Material befestigt (angeschraubt oder angetackert) und dieses Brett an der Wand oder am Schrank befestigt. Ganz oben noch ein kleines Sitzbrett und je nach Raumhöhe ein, zwei Bretter oder auch Laufstege als Abstiegshilfen.

Bereits vorhandene Kratzbäume können Sie so neben Regale oder Kommoden stellen, dass die Katze diese mit dem neuen Auf- und Abstiegsangebot besser annimmt.

Außerdem ist es natürlich wichtig, dass der Kletterbaum auch Spaß macht und in die abendliche Spielstunde integriert wird. Machen Sie ein bisschen Kratzen am Kletterbaum zum Einladungsritual für die Spielstunde, dann tut es auch Ihre Katze, wenn sie Sie aktivieren und auffordern will.

Wenn Ihre Katze immer aus der Wohnung entwischen will, wenn Sie heimkommen oder weggehen, machen Sie den Kletterbaum zum Abschieds- und Begrüßungsplatz. Katzen mit einer guten Beziehung zum Menschen wollen dem Gesicht möglichst nahe sein und am erhöhten Sitzplatz ist das am leichtesten möglich. Bevor Sie gehen oder beim Heimkommen begrüßen und streicheln Sie ihre Katze in Augenhöhe oder bieten ihr ein kleines „Goodie" auf ihrem Hochsitz an. Nach einiger Zeit haben Sie ein Begrüßungsritual etabliert und Ihre Katze saust sofort auf den Kletterbaum, wenn Sie kommen, und wartet, was Sie Ihr vom Arbeitstag erzählen.

Kurz zusammengefasst:

1. Katzen lieben erhöhte Sitzplätze und brauchen sie, um sich sicher zu fühlen.
2. Katzen ausschließlich in der Wohnung zu halten, bedeutet, dass Sie ihnen ausreichend Möglichkeiten für Klettertouren und erhöhte Sitzplätze anbieten müssen.

Schöne Aussichten

Katzen sind außerordentlich neugierig und sehr interessiert an ihrer Umgebung. Im Freien sitzen sie oft lange Zeit an Aussichtspunkten und beobachten ihr Umfeld, andere Katzen, Hunde, Menschen und potenzielle Beutetiere.

Diese erlebnisreiche Abwechslung ist neben dem Jagen das, was Katzen so an den Ausflügen in den Garten interessiert.

Wohnungskatzen sind aber mehr oder weniger von ihrer natürlichen Umwelt abgeschnitten und leben in einem eintönigen Einerlei. Völlig klar, dass sie durch ganz geringfügige Veränderungen in der kleinen begrenzten Wohnungsumwelt, bei Übersiedlungen oder bei Ausflügen zum Tierarzt mehr als nötig beunruhigt werden und manchmal sogar richtig in Panik geraten. Zumindest sind sie aber meistens nicht sehr flexibel und aufgeschlossen.

Der mit Abstand wichtigste Aussichtsplatz für Ihre Katze ist am Fenster oder – wenn Sie einen haben – auf dem Balkon. Da kann sich die Katze auf ihrem eigenen sicheren Gebiet aufhalten und hat dennoch Verbindung und Zugang zur großen, weiten Welt. Sie kann sich in der Sonne räkeln, alle möglichen Geräusche wahrnehmen und die interessanten Gerüche der Umgebung erschnuppern. Und sie sieht jede Menge jagdbare Objekte: Tauben und andere Vögel, Fliegen, Spinnen, kleine Käfer. Ab und zu tauchen auf der Straße oder im Garten Hunde oder lärmende Kinder auf. Alles in allem kann das ziemlich viel Input und Abwechslung für Ihre Katze sein.

Um das Ganze aber wirklich sicher zu gestalten, müssen Sie Fenster und Balkon mit Netz oder Gitter sichern. Und das zwingend! Bestimmt erzählen Ihnen Bekannte oder Nachbarn: „Meine Katze fällt nicht runter und die sitzt schon seit vielen Jahren auf dem Balkongeländer." Es ist richtig: Katzen haben einen hervorragenden Gleichgewichtssinn und können wunderbar balancieren. Und Sie haben auch schon gehört, dass sie bei Stürzen immer auf ihren vier Pfoten landen – das schützt sie aber trotzdem nicht vor Verletzungen, die sie sich auf dem Weg nach unten oder beim Aufprall zuziehen. Die Flugeigenschaften von Katzen reichen nicht einmal für kurze Bungee-Jumping-Abenteuer – sogar bei Stürzen aus dem ersten Stock können sie sich schwer verletzen.

Die Zahl der Fenstersturzkatzen, die Jahr für Jahr eingeschläfert werden müssen, ist groß. Und die Zahl der Katzen, die den Sturz zwar überleben, aber mit Knochenbrüchen, Lungenrissen, zersplitterten Zähnen und höchst schmerzhaften Prellungen behandelt und operiert werden müssen, ist noch viel größer. Selbst wenn Ihre Katze den Sturz ohne schwerwiegende Verletzungen übersteht, verkriecht sie sich in ihrer Angst und Sie verbringen möglicherweise Tage und Nächte in Sorge und Trauer, bis Sie ihre verschreckte Wohnungskatze wiederfinden.

Katzen verhalten sich am Fenster oder auf dem Balkon ähnlich unberechenbar wie kleine Kinder – natürlich wissen sie, wo das Fensterbrett oder das Balkongeländer zu Ende ist. Aber im großen Überschwang einer Fliegenjagd oder aus Unachtsamkeit fallen sie dann doch hinunter.

Vielfach verzichten Katzenbesitzer auf Fenstergitter, weil sie nur dann lüften, wenn die Katzen in einem anderen Raum eingesperrt sind. Das kann einige Zeit gut gehen. Eines Tages im Sommer vergisst einer aus der Familie dann das offene Fenster oder die Katze entwischt aus dem Zimmer und landet mit Anlauf gleich irgendwo im Garten oder Lichthof.

Also noch mal: Ohne Fenster- und Balkongitter haben Sie *keine* katzensichere Wohnung und handeln Ihrer Katze gegenüber verantwortungslos!

Auch Kippfenster sind für viele Katzen schon zur tödlichen Falle geworden. Beim Versuch, durch die schmale Öffnung hinauszuklettern, rutschen sie ab und damit rettungslos immer tiefer in den V-förmigen Spalt. Bleiben sie mit Hals oder Brustkorb hängen, sind sie nach wenigen Minuten erstickt; bleiben sie mit dem Becken hängen, sterben die meisten Katzen am Schock oder sind gelähmt. Zur Sicherung dieser Gefahrenstelle gibt es im Handel passende Gitter als Kippfensterschutz. Eine andere Möglichkeit sind Holzkeile, die so angebracht werden, dass sie den engsten Teil des Spalts sichern und der Katze so ein Entkommen ermöglichen.

Mein Tipp für erlebnisreiche und schöne Katzenaussichten:

Halten Sie schon von Anfang an einen Teil der Fensterbank für Ihre Katze frei. Wenn Sie nur ein schmales Fensterbrett haben, verbreitern Sie es einfach, sodass Ihre Katze wenigstens einen interessanten Aussichtsplatz hat. Am besten ist natürlich ein Fenster, vor dem sich die Katze in der Sonne ausstrecken kann und sich im Garten oder in der näheren Umgebung einiges abspielt. Ein öder schattiger Ausguck in den Lichthof ist zwar besser als gar nichts, nur bringt er nicht wirklich viel Abwechslung und Lebensqualität ins Katzenleben.

Das ultimative Katzenkino schaffen Sie natürlich, wenn Sie vor dem Fenster oder im Garten einen Anziehungspunkt für Vögel gestalten, z. B. ein kleines Futterhäuschen. Geradezu magnetisch auf Vögel wirken flache Wasserstellen als Vogelbad und -tränke. Im Frühling sind kleine Büschel Katzen- oder Hundehaare als weiches Nistmaterial sehr attraktiv. Achten Sie aber bitte darauf, dass nicht andere Katzen mit Freilauf Ihre vogelfreundlichen Angebote mit einem Selbstbedienungsladen verwechseln.

Fenstergitter können Sie leicht selber machen oder anfertigen lassen. Fragen Sie bei Ihrer Tierärztin, befreundeten Katzenbesitzern oder im Zoofachhandel nach, wer an Ihrem Wohnort diesen Service anbietet.

Selbermachen ist halb so schwer: Sie schneiden ca. 2 x 3 cm starke Holzleisten passender Länge im 45-Grad-Winkel ab und verbinden diese an der Innen- oder Außenseite mit Winkeln (Stuhl- oder Flachwinkel). Diesen Rahmen bespannen Sie mit einem leichten Gitter (z. B. Hasen- oder Sechseckgitter), das Sie mit einem Tacker befestigen. Zum Einhängen am Fensterrahmen eignen sich sehr gut Sturmhaken, die Sie in verschiedenen Größen in jedem Baumarkt bekommen. Insektengitter und dünne Kunststoffnetze sind zur Sicherung für Katzen nicht stark genug – einmal nach einer Fliege gejagt oder ein bisschen herumgekaut und Ihre Katze ist durch.

Eine schöne Alternative zum Fenstergitter ist der Fensterbalkon. Ihre Katze kann auf einem Brett vor dem Fenster sitzen und hat einen umfassenden Panoramablick. Auch dieser Fensterbalkon ist schnell und einfach selbst gebaut: Sie brauchen zwei Holzbretter, ca. 40 cm tief und in der zum Fenster passenden Breite – eines ist das Sitzbrett und eines das Dach. Diese werden wieder über Winkel mit je zwei Holzleisten auf jeder Seite verbunden. Falls Ihr Fenster sehr hoch ist, können Sie die Leisten noch durch Querstreben stabilisieren. Dieser Rahmen wird an drei Seiten mit Gitter bespannt und kann mit vier Rund- oder Sturmhaken vors Fenster gehängt werden. Die Sitzfläche können Sie mit einer weichen und warmen Unterlage ausstatten und die wind- und wetterexponierte Seite mit Plexiglasplatten schützen. Wenn auf diesem kleinen luftigen Ausguck genug Platz ist, können Sie aus kleinen Blumentöpfen noch Winden oder Bohnen emporranken lassen – damit geben Sie Ihrer Katze einen kleinen Hauch von Naturversteck inmitten der Wohnsiedlung.

Mehr Platz für Grünpflanzen bietet natürlich ein Balkon. Da Sie mit einem Netz oder Gitter die Katze vor dem freien Fall gesichert haben, können Sie Ihr sogar einen herrlichen Aussichtsplatz auf dem Geländer anbieten.

Bauen Sie in einer kleinen flachen Obstkiste ein bisschen Gras oder Getreide an: zum Fressen, Zerzupfen, Drinliegen und Flachwalzen. Rundherum noch ein paar Duft- und Gewürzkräuter (Lavendel, Thymian, Zitronenmelisse, Salbei, Minze, Geißblatt). Und ein kleiner Topf mit Katzenminze sollte für Ihren „Junkie" natürlich nicht fehlen. Sollte Ihre Katze von Katzenminze nicht so sehr inspiriert werden, dann mag sie vielleicht den Duft von Geißblatt (Jelängerjelieber). Für die heiße Mittagszeit ein Schattenplatz unter ein paar Stauden macht den Katzenbalkon perfekt. Hier ist auch der geeignete Platz für ein Planschbecken. Fürs Baden sind die meisten Katzen zwar nicht wirklich zu begeistern, aber ein bisschen Planschen finden manche schon ganz gut. Immerhin würden sich einige ja auch unter Freilaufbedingungen im Angelsport versuchen und Nachbars Goldfische aus der Flachwasserzone des Biotops holen. Wenn Sie so eine wasserfreudige Katze besitzen, bieten Sie ihr ein kleines flaches Wasserbecken an. Ein paar Schwimmenten oder Kanapees aus Korkscheibchen und Leckerbissen darauf ersetzen die Goldfische und animieren ebenso zum Jagdspiel wie die glitzernden Reflexionen der Sonne auf dem Wasser.

Kurz zusammengefasst:

* Der Aussichtsplatz am Fenster ist für reine Wohnungskatzen die wichtigste Verbindung zur Außenwelt.
* Er bietet Zerstreuung und geistige Anregung, die für die psychische Gesundheit und Stabilität Ihrer Katze außerordentlich wichtig sind.
* Katzen landen zwar immer auf ihren Pfoten, aber sie haben dennoch wesentlich schlechtere Flugeigenschaften als Tauben, daher sind Fenster- und Balkongitter ein absolutes Muss.

Stillsitzen ist nicht Nichtstun

Wenn Sie sich einmal fragen, was Ihre Katze so den ganzen Tag tut, was fällt Ihnen als Erstes dazu ein?

Sie tut nichts? Einfach nur herumsitzen? Sie schläft den ganzen Tag?

Mitnichten! Es sieht vielleicht so aus, aber still sitzen oder dösen sind nicht einfach gleichbedeutend mit Nichtstun.

Katzen verbringen ungefähr die Hälfte des Tages mit schlafen und ruhen. Die richtigen Tiefschlafphasen, in denen die Katze auch träumt, sind aber insgesamt viel kürzer als bei uns Menschen. Eine Schlafphase dauert bei der Katze rund eine halbe Stunde (beim Menschen eineinhalb Stunden), gegen Ende träumt sie, um dann kurz zu erwachen, bevor sie wieder weiterschläft. Vorwiegend an ganz geschützten Orten und wenn sie sich wirklich sicher fühlen, tauchen Katzen in diesen erholsamen Tiefschlaf ein. Dass Ihre Katze sich sicher fühlt und tief schläft, erleben Sie beispielsweise, wenn sie plötzlich wie ein nasser Sack von der Lehne der Sitzgarnitur plumpst, weil sie im Tiefschlaf die ganze stabilisierende Muskelspannung verloren hat. Trotzdem muss Ihre Katze auch absolut sichere Rückzugsorte haben, wo sie nicht einmal durch Blickkontakt von Ihnen oder anderen Katzen gestört werden kann.

Frei lebende Katzen suchen sich zum Schlafen einen trockenen, warmen und oft auch leicht erhöhten Platz. In diese kleinen und meistens höhlenähnlichen Verstecke ziehen sie sich zurück – und dies sind wirklich die Orte, wo sie sich vollkommen regenerieren können. Katzen, denen dieser zeitweilige Sichtschutz und Rückzugsmöglichkeiten fehlen, leben im Dauerstress und sie werden, genauso wie der Mensch, durch Mangel an erholsamem Schlaf krank. Daher müssen ganz besonders in turbulenten Kinder- und Mehrkatzenhaushalten ausreichend sichtgeschützte Schlafstellen zur Verfügung stehen. Sie werden vielleicht feststellen, dass die Vorliebe Ihrer Katze für einen ganz bestimmten Schlafplatz periodisch wechselt und ein Platz, der sehr beliebt war, nach einiger Zeit gar nicht mehr benutzt wird. Nach einigen Monaten kehren die Katzen oft wieder an ihren ehemaligen Lieblingsplatz zurück. Natürlich verändern sich die Schlafplätze auch mit dem jahreszeitlichen Wechsel der Temperaturen.

Die Haltung, in der die Katze schläft, hängt stark von der Umgebungstemperatur ab. Je wärmer es in Ihrer Wohnung ist, desto offener und ausgestreckter kann Ihre Katze schlafen, ohne dass die Körpertemperatur zu weit absinkt.

Den überwiegenden Teil ihrer Tagesfreizeit verbringen Katzen jedoch abwechselnd in einem leichten Halbschlaf oder Döszustand und akustischer Beobachtung ihrer Umwelt. Aus diesem Ruhezustand heraus sind sie in jedem Moment innerhalb kürzester Zeit voll einsatzfähig. Sie erkennen dies, wenn Sie die Katze ansprechen oder die Reaktion auf ein interessantes Geräusch beobachten. Die Ohren bleiben als akustisches Radar in einer entspannten Art und Weise beweglich und folgen dauernd den Geräuschen der Umgebung. Die Augen öffnet Ihre Katze nur, wenn sie vielversprechende oder unbekannte Geräusche wahrnimmt, etwa das Öffnen des Kühlschranks.

Es ist genau diese faszinierende Ausstrahlung von absoluter Ruhe und gleichzeitiger Präsenz, die viele Menschen an Katzen so anziehend finden. Manche Katzenbesitzer meinen, ihre Katze sitzt nicht einfach nur herum, nein, sie meditiert. Wenn Sie sich einmal von der ruhenden Präsenz Ihrer Katze mitnehmen lassen, werden Sie sehen, dass diese Ansicht etwas für sich hat.

Je nach Stimmung, Angebot und subjektivem Sicherheitsbedürfnis dösen (oder meditieren!) Katzen an allen möglichen und unmöglichen Plätzen. Hauptsache warm, trocken, und je kleiner sie sich zusammenquetschen müssen, desto besser.

Neben den erhöhten Plätzen, die auch sofortigen Überblick gestatten, wenn das akustische Radar Ungewöhnliches meldet, lieben manche Katzen auch Schlupfwinkel am Boden.

Freilaufkatzen suchen sich dazu gerne einen schattigen Platz unter Stauden oder im hohen Gras. Von dort aus können sie, in ihrer kleinen Mulde verdeckt durch Pflanzen, die Umgebung ganz unauffällig observieren und jederzeit ein kleines Nickerchen machen.

In ihrem unmittelbaren Wohnbereich liegen soziale Katzen sehr gerne eng zusammengekuschelt in Kontakt mit befreundeten Katzen oder auch Menschen.

Bevor Sie eine dösende Katze berühren, halten Sie kurz inne, streicheln Sie sie mit den Augen und „fragen“ sie, ob es ihr recht ist. Auch untereinander nehmen Katzen immer auf irgendeine Art zuerst Verbindung auf, ehe sie sich berühren. Plötzlicher überraschender Körperkontakt kann Katzen sehr erschrecken und sie reagieren unter Umständen wie Wildtiere mit Angst oder Verteidigungsangriffen.

Im Laufe eines Tages wechseln Katzen nach einem eigenen Zeitplan die Plätze, wo sie stillsitzen, ruhen und beobachten. Freigänger und Katzen im Mehrkatzenhaushalt stimmen diesen Plan im Sinne eines Time-Sharings mit den anderen Katzen ab, sodass dieselben Plätze oft hintereinander von verschiedenen Interessenten belegt werden.

Und noch etwas Wichtiges gibt es im Katzenalltag neben Beobachten, Ruhen und Schlafen zu tun: Körperpflege. Katzen verbringen bis zu drei Stunden täglich mit Fell- und Krallenpflege. Auch dazu suchen sie gerne einen sicheren Platz mit Überblick auf. Geputzt wird vorwiegend vor dem Ruhen, nach dem Schlafen und natürlich ausgiebig nach dem Fressen. Mit Ausnahme des kleinen Bereichs hinter dem Kopf bis zu den Schulterblättern erreichen Katzen jeden Teil ihres Körpers mit der Zunge oder den Pfoten.

Putzverhalten hat für Katzen neben der Körperpflege auch einen beruhigenden Effekt, sowohl für sie selbst als auch für die zusehenden anderen Katzen. Wer sich putzt, ist gerade mit sich selbst beschäftigt und sicher nicht auf Angriff aus. Wie Sie schon aus dem Kapitel 3 wissen, dient Putzen und gegenseitiges Belecken auch der Bindung, weil der gemeinsame Familiengeruch immer wieder aufgefrischt wird. Chronisch gestresste und ängstliche Katzen entwickeln übersteigertes Putzverhalten. Sie putzen sich so ausdauernd, dass die Haare abbrechen und sie nach einiger Zeit halb nackt (vorwiegend am Bauch und an den Flanken) oder wie von Motten zerfressen herumlaufen.

Nach einer längeren Ruhepause müssen Katzen ihren Körper wieder aktivieren. Die Gelenkigkeit, mit der sie sich nach dem Schlaf dehnen und strecken, würde jeden Yogi vor Neid erblassen lassen. Und hier schließt sich wieder ein Kreis: Das ist einer der Gründe, warum eine Kratzmöglichkeit in der Nähe des Schlafplatzes der beste Schutz für Ihre Möbel ist.

Ein paar Vorschläge für Rückzugs- und Schlafgelegenheiten:

Mit großem Abstand eine der beliebtesten Schlafstellen für Katzen sind kleine Hängematten, die am Heizkörper aufgehängt werden. Genau genommen sind sie nahezu ein Muss im Katzenhaushalt. Die Kombination von weicher Mulde an warmem Heizkörper in erhöhter Lage macht diesen Ruheplatz absolut unwiderstehlich.

Der höchste Punkt am Kletterbaum birgt eine ähnliche Anziehungskraft, wenn er eine kleine Liegemulde hat und entsprechend sicher und einfach zu erreichen sowie auch wieder zu verlassen ist.

Wenn Sie einen modernen Haushalt haben, in dem Tischtücher, Bettüberwürfe und andere Versteckmöglichkeiten für Katzen fehlen, können Sie Mobilheime aus dem Supermarkt anbieten: Wieder einmal Kartons. Nehmen Sie beim nächsten Einkauf ein paar tiefere Kartons mit und legen Sie sie so, dass der Eingang seitlich liegt. Als Sichtschutz hängen Sie über mindestens zwei Drittel einen kleinen Vorhang. Eine andere Möglichkeit sind zwei Kartons, die Sie so ineinanderstellen, dass der Ruheplatz um die Ecke liegt und nicht einsehbar ist.

Ideale Plätze für solche Mobilheime sind oben auf Regalen und Kästen, sofern sie für die Katze zugänglich sind. Aber auch auf dem Boden, in stillen, wenig begangenen Ecken, werden sie gut angenommen. Und natürlich sollten Sie auf einen gebührenden Abstand zum Katzenklo achten – sonst war die Mühe umsonst, weil Ihre Katze nicht im Entferntesten an Besiedlung denkt.

Falls sich ein Platz abgenützt hat und dauerhaft ignoriert wird, ändern Sie ganz einfach den Standort.

Mit bunten Ziersteinen, Waschbetonplatten und Holzfliesen können Sie für Ihre Katze ganz einfach eine kleine, naturähnliche Landschaft bauen: Graue oder bunte Ziersteine wie Bauklötze in vier Säulen (ca. 40 cm hoch) stapeln und eine Holzfliese ca. 70 x 70 cm, wie sie in der Gartengestaltung Verwendung finden, als Abdeckung. Darauf kommt ein Baumwollteppich, der an zwei Seiten bis zum Boden reicht. Damit haben Sie gleich zwei Ruhe- und Spielplätze geschaffen: Einen unter Dach und einen erhöhten oben drauf.

Mit einem Holzblumenkasten für den Balkon können Sie eine ähnliche erhöhte Sitzfläche gestalten: Die eine Hälfte des Blumenkastens decken Sie mit einer Holzfliese oder einem Sitzbrett ab, das Sie anschrauben. In die verbleibende freie Hälfte kommt ein passender Blumentopf z. B. für Katzengras. Der Hohlraum unter dem Sitzbrett ist ein gutes Futterversteck, sofern Sie unten den Zugang freilassen.

An einer ruhigen sonnigen Stelle können Sie auch ganz einfach eine Waschbetonplatte (mit Korkfliesen oder Fußmatte als schützender Unterlage) anbieten. Die unebene Oberfläche von Waschbetonplatten bietet eine sinnliche Abwechslung für Katzenpfoten und lädt zum Räkeln und Sonnen ein. Zwischen ein paar Grünpflanzen eingebaut sieht dieser Freizeitpark für Katzen auch dekorativ aus.

Die Bauteile sind einzeln und in jedem Baumarkt sehr günstig zu bekommen und Sie haben die Möglichkeit, sie je nach Lust und Laune jederzeit zu ergänzen, umzubauen und neu zu gestalten.

Und nun noch eine spannende Frage: Katze im Bett oder nicht?

Das Bett erfüllt in der Tat alle Katzenansprüche an einen Schlafplatz: weich, warm, trocken, zugfrei und ein Sozialpartner, mit dem man in Kontakt liegen kann.

Was spricht nun dafür und was dagegen, eine Katze bei sich im Bett schlafen zu lassen?

Beginnen wir einmal mit den Pro-Argumenten:

Katzen sind sehr saubere Tiere, und bei entsprechender medizinischer Betreuung und guter Pflege gibt es keine gesundheitlichen Gefahren für den Menschen.

Wenn Sie eine sehr kleine Wohnung haben, ist es nicht katzengerecht, wenn Sie zusätzlich noch einen Raum als katzenfreie Zone einrichten.

Menschengeprägte und freundliche Katzen lieben den Körperkontakt mit „ihrem“ Menschen. Wenn Sie den ganzen Tag in der Arbeit sind, bleibt für Ihre Katze nur noch die Nacht, in der sie mit Ihnen zusammen sein kann. Das ist ganz besonders wichtig, wenn Sie nur eine Einzelkatze haben (sollten Sie eigentlich nicht), der jegliche soziale Kontaktmöglichkeiten fehlen.

Und – Zugang zum Bett ist für ängstliche, zurückhaltende und unsichere Katzen lebensnotwendig. Menschen wirken in ihrer meist hektischen Geschäftigkeit und Größe auf unsichere Katzen besonders bedrohlich. Die ersten Annäherungsversuche machen solche Katzen in der Nacht, wenn die Besitzer schlafen und wenig bedrohlich mit geschlossenen Augen flachliegen.

Ihr Bett ist für die Katze auch tagsüber ein sicherer Rückzugsort, zumal sie sich während Ihrer Abwesenheit wenigstens mit Ihrem Geruch umgeben kann, indem sie sich auf dem Kopfpolster oder der Bettdecke zusammenrollt.

Ihre Katze hat meistens die größere Ausdauer, wenn sie vor der Schlafzimmertür sitzt und Einlass begehrt.

Und nicht zuletzt ist es ganz einfach schön, mit Katzen in engem Kontakt zu leben und eine innige vertraute Beziehung mit ihnen zu haben. Das empfinden auch ziemlich viele Katzenbesitzer so: Laut Umfragen dürfen rund 90 Prozent der Katzen bei ihren Besitzern im Bett schlafen.

Es gibt aber natürlich auch Argumente gegen Katzen im Bett:

Es kommt vor, dass die Katze auf die Bettdecke pinkelt – das ist ein Hilferuf, dass sie entweder gesundheitliche oder psychische Probleme hat. Schlafzimmerverbot kann diese Krise verschlimmern. Für ein harmonisches Zusammenleben ist es besser, wenn Sie nach der Ursache suchen und Ihre Tierärztin um Hilfe fragen. Sonst verlagert Ihre mit Schlafzimmerverbot bedachte und leidende Katze die Pieselei einfach auf die Badematte oder den Wohnzimmerteppich.

Manche Katzen toben in der Nacht herum, galoppieren über die Bettdecke und versuchen, Ihre Zehen unter der Bettdecke zu beißen. Da hilft nur ausreichend Beschäftigung außerhalb des Betts, viel spielen und eine späte Abendmahlzeit, die den Tagesrhythmus der Katze verändert. Schließlich hatte sie ja den ganzen Tag, während Sie in der Arbeit waren, Zeit zum Schlafen und ist jetzt wach und bereit für „action". Wenn Sie in Zukunft noch Wert auf Nachtruhe legen, sollten Sie um diese Zeit auf gar keinen Fall mitspielen oder Ihre Katze mit Futter ruhigstellen! Eine einzige Reaktion von Ihnen reicht und Sie lernen in den folgenden Nächten so viel über Beharrlichkeit und Ausdauer, wie Sie gar nie wissen wollten.

Ein wirklich wichtiges Argument gegen Katzen im Bett sind Allergien. Wenn Sie bereits gegen Katzen oder anderes allergisch sind, ist es wirklich vernünftiger, die Katze nicht ins Bett zu lassen. Diese Maßnahme kann vielen Katzenbesitzern ein weiteres Zusammenleben ermöglichen.

Schließlich noch ein wenig zum Thema Säuglinge und Katzen. Soziale Katzen lieben es, eng zusammengekuschelt zu schlafen – egal, ob mit anderen Katzen, erwachsenen Menschen oder eben auch Babys. Grundsätzlich ist gegen den engen Kontakt von Katzen und Babys nichts einzuwenden – eine gut sozialisierte Katze und *Aufsicht* von Ihnen sind aber notwendig. Auch die freundlichste Katze kann sich einmal wehren, wenn Säuglingsfäuste fest zuzwicken und Schmerz verursachen.

Und das Wichtigste für Sie und Ihre Kinder ist natürlich, dass Ihre Katze gut gepflegt, gesund, und regelmäßig tierärztlich betreut ist.

Kurz zusammengefasst:

* Katzen lieben als Schlaf- und Ruheplätze warme, trockene und geschützte Orte.
* Für wirklich entspannenden Tiefschlaf brauchen viele Katzen Sichtschutz – das gilt ganz besonders für Haushalte mit mehr Katzen, Kindern und Hunden.
* Zugang zum Schlafzimmer für einzeln gehaltene Wohnungskatzen oder auch ängstliche, unsichere Katzen ist eine Notwendigkeit,.

* Nur Allergien sind ein Grund, Katzen das Bett als Schlaf- und Kontaktmöglichkeit mit dem Menschen zu verwehren.

Jurassic Park

Freilaufkatzen führen heute in den meisten Gegenden ein gefährliches und meist nur sehr kurzes Leben. Zweifellos leben Katzen artgerechter, wenn sie völlig frei und unabhängig in den Feldern herumstreifen, immer wieder neue Gerüche erleben und dem ursprünglichen Jagdgeist folgen können. Aber die heutige Infrastruktur der industrialisierten Länder bietet nur mehr wenige sichere Freiräume für diese Lebensart. Freilaufende Katzen werden von vielen Seiten bedroht.

Unwahrscheinlich viele Katzen fallen dem Straßenverkehr zum Opfer und in den Jagdrevieren sind sie Freiwild für Jäger und Hunde. Immer wieder werden Katzen Opfer von gezielten oder, sehr viel häufiger, unbeabsichtigten Vergiftungen. Sie werden versehentlich tage- und wochenlang eingesperrt, weil sie wieder einmal auf einer Forschungsreise in die unbekannten Gefilde von Nachbars Garage oder Keller unvorsichtig waren.

Womöglich leiden die Beziehungen zur Nachbarschaft, weil Ihre Katze den exklusiven schwarzen Stadtflitzer von Hempels für den besten Ausguck und Liegeplatz in der ganzen Straße hält. Leider hinterlässt sie dabei ihre Pfotenabdrücke, was schon Anlass mancher Gerichtsverhandlung war.

Oder Ihr Kater Tom hat sich in der Nachbarschaft als Serienmörder und Dieb einen Namen gemacht, weil er den liebevoll mit Goldfischen besetzten Teich im japanisch angehauchten Garten von Schmidts leer fischt, sich im Vogelfang am Futterplatz von Oma Schulz etabliert oder sich die nur kurzfristig herrenlosen Würstchen für die Grillfete der Maiers angeeignet hat.

Auch die Katzenhaare und schwarzen Tapser auf dem gelüfteten Bettzeug der weithin als katzenallergisch bekannten Frau Müller oder die regelmäßig von Ihrem Hooligan-Kater tierarztreif verprügelte Katze von Nr. 17 tragen nicht unbedingt zu guten nachbarlichen Beziehungen bei.

Vielleicht ist es aber auch Ihre Katze, die fortwährend bei ihren Ausflügen überfallen und gejagt wird, dann verängstigt mit Kratz- und Bissverletzungen heimkommt – und Sie fahren schon wieder zu Ihrer Tierärztin. Und schließlich sind da noch Krankheiten wie FIV und FIP, gegen die es keinen oder nur begrenzten Schutz durch Impfungen gibt.

Wie auch immer: Freilaufkatzen leben sehr gefährlich!

Während die durchschnittliche Lebenserwartung einer Freilaufkatze je nach Region bei 1,7 bis 3 Jahren liegt, erreichen Wohnungskatzen ein Alter von 16 Jahren und mehr. Wenn Sie ohnehin nur eine Wohnung mitten in der Stadt haben, stehen Sie gar nicht vor dieser Entscheidung; schwieriger wird es, wenn Sie einen Garten besitzen: Katze unkontrolliert ins Freie lassen und täglich mit dem Verkehrstod Ihres Familienmitglieds rechnen? Oder die Katze unter Hausarrest halten und mit ihr leiden, die sowieso jede Möglichkeit zum Entwischen nützt?

Sie haben genug Wochenendausflüge mit der abendlichen Suche nach Ihrer Katze beendet? Zahlreiche Nächte angstvoll und draußen wartend mit „Miez, Miez – na komm"-Rufen verbracht? Sie haben nach einer tagelangen Suchaktion schon wieder ein kleines Grab mehr in der Ecke des Gartens?

Dann ist ja vielleicht ein kleiner Jurassic Park die Lösung!

Mein Vorschlag und ein paar grundlegende Regeln:

Gestalten Sie für Ihr kleines Raubtier einen Dschungel – katzensicher begrenzt und doch mit einem Hauch von Wildheit und Abenteuer.

Da solch ein Katzenauslauf natürlich sehr individuell von den Gegebenheiten bei Ihnen zuhause abhängt, gibt es dafür keinen 08/15-Bauplan.

Nachdem Sie aber jetzt schon einiges über die Bedürfnisse von Katzen wissen, können Sie schon fast die Welt mit ihren

Augen sehen und mit ein paar Ideen Ihrer Kreativität freien Lauf lassen.

Wie auch in der Wohnung ist nicht die Grundfläche, sondern die Raumqualität und Struktur in einem solchen Gehege entscheidend.

Dafür sollten Sie wieder einmal wissen:

Was tun Katzen eigentlich, wenn sie im Garten sind?

Meistens gehen sie zuerst mal zu ihrer Wasserstelle, wo sie nach dem Frühstück trinken.

Dann geht's auf die tägliche Runde, um Geruchsmarken nächtlicher Besucher zu beschnuppern und nachzusehen, ob noch alles beim Alten ist. Ein bisschen Gras von einem ganz bestimmten Büschel fressen und eventuell verschluckte Haare wieder von sich geben.

Alles, was sich bewegt, von Fliege über Schmetterling, Heuschrecke bis zur Maus und Blindschleiche, anpirschen und manchmal mit Erfolg zuschlagen.

Diverse Markierungen an Pflanzen, Hausmauern, Bäumen und anderen markanten Stellen untersuchen und eigene hinterlassen.

In den Staubresten der großen eingetrockneten Pfütze wälzen und schließlich den passenden Rastplatz suchen. Entweder zusammengerollt unter Gebüsch und Stauden im Schatten, um zu schlafen, oder als Ausguck an erhöhter Stelle mit Panoramablick.

Für alle diese Aktivitäten braucht Ihre Katze nicht unbedingt einen halben Schlosspark – es geht bei abwechslungsreicher Gestaltung auch mit viel weniger.

Katzen sind ja im Gegensatz zu Hunden keine

Lauftiere – 5 Quadratmeter Auslauf, den Sie katzengerecht gestalten, können interessanter sein als 200 Quadratmeter gepflegter Rasen!

Hier nun ein paar der wesentlichsten Gestaltungselemente:

Wasserbecken: Es reicht schon ein zum Teil eingegrabener oder freistehender Mörtelbottich aus dem Baumarkt. Sie können eine oder zwei Wasserpflanzen in dieses Becken pflanzen, zwei Wasserschnecken dazu, und das Miniaturbiotop ist fertig. Ein kleines Sitzbrett daneben und Stauden rundherum machen diese Wasserstelle zu einem schönen Trink- und Beobachtungsplatz.

Liegeplatz: Als glatte und trockene Oberfläche zum Sonnen eignen sich sehr gut einzelne Waschbetonplatten, Natursteinplatten, Holzfliesen oder einfach festgestampfte Erde. Lose Erde wird eher als Katzenklo benützt und sollte aus hygienischen Gründen mit Steinen oder Holzplatten abgedeckt werden.

Katzenklo: In einem größeren Auslauf – insbesondere, wenn er nicht direkt vom Haus aus erreicht werden kann – ist ein Katzenklo wichtig. Mit einem kleinen Dach bleibt der Platz fürs Kisterl auch bei Regen trocken und Ihre Katze erklärt den Auslauf nicht zum generalisierten Katzenklo.

Pflanzen: Als Bewuchs sollten Sie möglichst wuchernde und weniger wertvolle Staudenpflanzen wählen. In diesem Dschungel darf Ihre Katze mit Pflanzen endlich anstellen, was ihr so viel Spaß macht: Zerzupfen und zerzausen, fressen, spielen, abknicken und zu kleinen Liegemulden flachwälzen. Um anschließend dann stundenlang zusammengerollt im Halbschatten unter einem grünen Dach zu liegen.

Sehr beliebt, duftend und auch entsprechend frohwüchsig sind Wermut, Pimpinelle, Salbei, Ringelblume, Baldrian, Apfelminze, Zitronenmelisse, Kamille, Thymian, Bambus und natürlich Katzenminze. In der Anfangsphase überlebt die Katzenminze leichter, wenn sie durch ein kleines Gitter geschützt ist – echte „Junkies" finden sie nämlich: zum Draufschmeißen und Plattmachen!

In einem größeren Auslauf können Sie auch kleine Sträucher setzen. Der Sommerflieder mit seinen violetten Blüten ist ein Anziehungspunkt für allerhand Schmetterlinge und andere fliegende Insekten.

Weitere attraktive Gestaltungselemente sind kleine **Steinhaufen**. Sie lockern die ebene Grundfläche auf, bieten tolle Versteckmöglichkeiten für Katzenspiele und werden schnell zur Heimat für allerhand Kleingetier.

Und – das ist Ihnen mittlerweile klar – zahlreiche **Klettermöglichkeiten** mit Verbindungslaufstegen und erhöhten Sitzplätzen dürfen natürlich in dieser kleinen Landschaft nicht fehlen. Die wichtigsten Kriterien für Kletterbäume gelten drinnen und draußen gleichermaßen.

In kleinere Jurassic Parcs können Sie eventuell fertige Bauteile (z. B. für den Pergolabau) integrieren; bei größeren Projekten ist der Weg ins Sägewerk eindeutig günstiger.

Sie werden feststellen, dass bei diesem Projekt in allererster Linie Ihr Erfindungsreichtum gefragt ist. Nicht immer ist es ganz einfach, für jede undichte Stelle im ersten Ansatz eine Lösung zu finden. Die meisten Katzen helfen aber eifrig mit, indem sie jeden Winkel ihres begrenzten Dschungels testen und auf Lücken hinweisen.

Auch nach oben müssen Sie dieses Gehege sichern, weil Ihre Katze früher oder später einen Ausstieg finden wird. Oftmals reicht aber dafür ein Netz aus – neben speziellen Katzenschutznetzen eignen sich auch Netze aus der Fischerei- oder Landwirtschaft (Wein- und Obstbau).

Katzen sind zwar nicht so effektiv wie Kaninchen – den Bodenabschluss müssen Sie aber dennoch gegen Durchgraben sichern. Dazu legen Sie entweder rundherum schwere Steine oder Sie gestalten die Unterkante mit Rasenabschlusssteinen, die Sie teilweise eingraben.

Bedenken Sie auch, dass Sie für allfällige Pflegemaßnahmen Zugang zum fertigen Auslauf haben müssen.

Kurz zusammengefasst:

* Schön strukturierte Katzengehege sind eine gute Alternative zum unkontrollierten Freilauf.
* Wesentliche Gestaltungselemente sind – wie in der Wohnung – nicht allein die Grundfläche, sondern Wasser, dichter Staudenbewuchs, räumliche Strukturelemente, trockene Sonnen- und erhöhte Aussichtsplätze.

5 Wellness – Gesundheitsvorsorge

Gute Gesundheitsvorsorge für Katzen – was ist das eigentlich?

Sie haben schon im dritten Kapitel gelesen, dass Sie der erste Weg mit Ihrer neuen Katze zur Tierärztin führt. Ihre Katze wird dort eingehend untersucht, eventueller Parasitenbefall durch Flöhe, Ohrmilben und Würmer wird behandelt; Ihre Tierärztin berät Sie über die notwendigen und sinnvollen Impfungen. Und natürlich lassen Sie Ihre Katze auch kastrieren. Einmal jährlich bekommt Ihre Katze dann die Auffrischungsimpfungen, und wenn sie krank erscheint oder verletzt ist, wird sie selbstverständlich behandelt.

Und mehr gibt es da doch nicht zu tun, oder?

Doch! Moderne medizinische Betreuung für Katzen beginnt zwar mit gutem Impfschutz, Parasitenbekämpfung und Kastration, aber sie sollte nicht darauf begrenzt bleiben.

Die moderne Veterinärmedizin bietet zunehmend diagnostische und therapeutische Möglichkeiten, wie sie bis vor wenigen Jahren nur der Humanmedizin vorbehalten waren.

Röntgen- und Ultraschalluntersuchungen gehören heute bereits ganz selbstverständlich zur Routinediagnostik. Zahlreiche Laboruntersuchungen von Blut, Harn oder Gewebebiopsien (z. B. Haut, Leber, Niere oder Tumore), verschiedene Funktionsprüfungen (z. B. für Schilddrüse und Nebennierenrinde) und Allergietests gestatten Einblick in die Funktionsweise von Organen oder deren gestörte Tätigkeit. Und sogar die Computer- und Magnetresonanztomographie werden heute schon von größeren Kliniken routinemäßig eingesetzt, um krankhafte Prozesse aufzuklären. Demgegenüber stehen auch die großen Fortschritte in der Therapie von Erkrankungen bei Tieren. Mit den verbesserten Diagnosemöglichkeiten erweitern sich naturgemäß die Behandlungsmöglichkeiten, weil oftmals die Ursachen besser abgeklärt werden können. Die großen Fortschritte in der Veterinärmedizin machen aber auch eine gewisse Spezialisierung notwendig. Genauso wie in der Humanmedizin gibt es immer mehr Tierärzte mit Spezialgebieten wie z. B. für Pferde, Kleintiere, Exoten, Chirurgie, Augenheilkunde, Dermatologie, Akupunktur und Traditionelle Chinesische Medizin (TCM) oder Verhaltensmedizin, weil der gesamte Umfang der Tiermedizin mittlerweile zu groß ist, um immer in allen Gebieten auf dem aktuellsten Stand zu sein. Ihre praktische Tierärztin übernimmt eine ähnliche Aufgabe wie der Hausarzt, indem sie eine umfassende allgemeinmedizinische Versorgung für Ihre Katze anbietet. Für die Abklärung komplizierterer Fragestellungen, die außerhalb der technischen Möglichkeiten der Praxis liegen oder für die eine spezielle Ausbildung nötig sind, bekommen Sie eine Überweisung an den Fachtierarzt oder eine Tierklinik. Auf diesem Weg erhält Ihre Katze immer die bestmögliche medizinische Betreuung und Sie kommen nach erfolgter Diagnose oder Therapie zur Nachbetreuung wieder zu Ihrer vertrauten Tierärztin zurück.

Mindestens genauso wichtig wie Diagnose und Therapie von bestehenden Gesundheitsstörungen ist aber die wirkliche Vorbeugung von Erkrankungen – was können Sie und Ihre Tierärztin für Ihre Katze tun, damit sie gar nicht erst krank wird?

Vorsorgemedizin beginnt bereits lange bevor Ihre Katze krank ist, und im besten Fall bleibt sie dann auch bis ins hohe Alter gesund und munter. Natürlich können nicht alle Krankheiten verhindert werden, aber es gibt immerhin zahlreiche Möglichkeiten, absehbares Leiden zu vermeiden.

In der Überschrift haben Sie schon das Wort „Wellness“ gelesen und sich vielleicht gedacht: Jetzt greift dieser Modetrend auch schon auf die Katzenhaltung über! Ich habe diesen Begriff wegen seiner umfassenderen und tieferen Bedeutung gewählt. Wellness bedeutet nicht nur körperliche Gesundheit im Sinne der Abwesenheit von Krankheit, sondern vielmehr in sich ruhendes Wohlbefinden in Übereinstimmung und Harmonie mit der Umwelt. Und das geht – wie Sie bestimmt aus eigener

Erfahrung wissen – weit über die rein körperliche Ordnung hinaus.

Ihnen sind bestimmt aus eigenem Erleben die engen Zusammenhänge zwischen Stress, psychischen Belastungen und Krankheiten bekannt. Die moderne Wissenschaft der Psychoneuroimmunologie hat diese altbekannten Zusammenhänge längst nachgewiesen – wer psychisch und seelisch ausgeglichen und zufrieden lebt, hat mehr Widerstandskräfte gegenüber körperlichen Erkrankungen.

Und diese Erkenntnis gilt natürlich nicht nur für Menschen. Die Gesundheit und das Wohlbefinden Ihrer Katze müssen ebenso auf dieser ganzheitlichen Basis von körperlicher und psychischer Ausgeglichenheit betrachtet werden.

Alles, worüber Sie bis jetzt schon so viel gelesen haben, ist letztlich ein ganz wichtiger Teil dieser ganzheitlichen Gesundheitsvorsorge. Von der Auswahl einer zu Ihnen passenden freundlichen und für die Wohnungshaltung geeigneten Katze über die artgerechte Haltung bis zur verständnisvollen Erziehung – all das sind die wichtigsten Grundlagen für ein harmonisches und stressfreies Zusammenleben mit Ihrer Katze.

In diesem Abschnitt erfahren Sie nun ein wenig über medizinische Vorsorgemaßnahmen – sozusagen meine Hinweise in eigener Sache.

Auf allen Gebieten der Veterinärmedizin gibt es laufend neue Erkenntnisse. Ich habe versucht, Ihnen einen kleinen Überblick über den aktuellen Stand einiger medizinischer Themen zu liefern. Es kann aber bereits bei Drucklegung schon wieder Neueres bekannt sein. Im Zweifelsfall lassen Sie sich in Ihrer Tierarztpraxis beraten.

Auf Herz und Nieren – Impfung und Gesundheits-Check

Impfungen gegen schwere oder unheilbare Infektionskrankheiten sind wichtig und sollten unter keinen Umständen vernachlässigt werden. Auch reine Wohnungskatzen können über Schuhe und Kleidung mit manchen widerstandsfähigen Viren angesteckt werden und schwer erkranken. Sie werden aber an dieser Stelle nicht den in den meisten Katzenbüchern üblichen Standard-Impfplan finden, und zwar aus gutem Grund. Notwendige und sinnvolle Impfungen sollte Ihre Katze unbedingt bekommen, unnötige sollten allerdings im Hinblick auf eventuelle Nebenwirkungen nicht kritiklos verabreicht werden. Die Entscheidung, welche Impfung sinnvoll ist und welche nicht, kann immer nur im Einzelfall getroffen werden. Ihre Tierärztin wird Sie entsprechend beraten, Ihnen Informationen geben und einen individuellen, dem aktuellen Stand des Wissens entsprechenden Impfplan für Ihre Katze anbieten. Der ist dann genau auf das Alter, die Lebensweise, den Gesundheitszustand und die Umgebung Ihrer Katze zugeschnitten. Natürlich können sich immer wieder einmal Änderungen ergeben, weil es wieder neuere Erkenntnisse aus der veterinärmedizinischen Forschung gibt.

In diesem Zusammenhang noch ein paar Worte zum Thema *vakzineassoziierte Fibrosarkome*: Manche Katzen entwickeln einige Zeit nach einer Impfung an der Injektionsstelle Tumore, die in den meisten Fällen sehr schnell und invasiv wachsen. Die Impfungen gegen FeLV (Felines Leukämievirus, sog. Leukose) und gegen Tollwut sind diesbezüglich besonders im Verdacht und Gegenstand wissenschaftlicher Untersuchungen. Sehr wahrscheinlich können aber bei entsprechend disponierten Katzen jegliche Injektionen Auslöser sein. Auch wenn diese Impfsarkome nicht sehr häufig auftreten, sind sie im Einzelfall immer dramatisch und bedürfen rascher und massiver chirurgischer Maßnahmen.

Geimpft werden natürlich nur gesunde Katzen – also muss jeder Impfung eine gründliche Untersuchung vorangehen. Im Rahmen dieses jährlichen *Gesundheits-Checks* wird Ihre Katze genau untersucht: allgemeiner körperlicher Zustand, Haut und Haarkleid, Ohren, Augen, Zähne und Zahnfleisch,

Lymphknoten, Herz und Kreislauf, Lunge und Atmung, Bauchorgane, Bewegungsapparat, Körpertemperatur, Körpergewicht und allfällige besondere Fragestellungen. Ab dem 8. Lebensjahr sollte dieser Gesundheits-Check mit Laboruntersuchungen, vielleicht sogar einer Blutdruckmessung, ergänzt werden. Dabei können altersbedingte Organveränderungen, z. B. von Niere, Leber oder Schilddrüse, frühzeitig erkannt und dann auch noch erfolgreich behandelt werden.

Auch bei der Wohnungskatze ist mitunter *Parasitenbekämpfung* notwendig. Flöhe können durch Sie oder Besucher (mit oder ohne Hund) eingeschleppt werden und vermehren sich dann fröhlich in Teppich und Sitzgarnitur weiter. Innerhalb weniger Wochen kann sich so Ihr Bestand an „Haustieren" vervielfachen. Moderne Flohbekämpfung, wie Sie Ihre Tierärztin empfiehlt, ist individuell an Ihre Wohnverhältnisse und Haustiere angepasst. Bei der integrierten Flohbekämpfung werden Insektizide nur in geringer Menge und dann ganz gezielt eingesetzt – die Zeiten des unkritischen Insektizideinsatzes im Gießkannenprinzip sollten endlich vorüber sein. Im Vordergrund der Bekämpfung stehen Wachstumsregulatoren und Entwicklungshemmer, die die Flöhe an der Weitervermehrung hindern. Nach einem Flohbefall ist auf jeden Fall eine Bandwurmbekämpfung notwendig, weil Flöhe die Zwischenwirte und damit Überträger von Bandwürmern sind. Für freilaufende und mäusefressende Katzen ist eine regelmäßige Bandwurmbehandlung (alle 3–9 Wochen) notwendig.

Der raffinierte Übertragungsweg von Spulwurmlarven durch die Muttermilch ist der Grund, warum auch reine Wohnungskatzen immer wieder einmal Spulwürmer haben. Manche dieser Larven rasten während ihrer Körperwanderung in der Muskulatur und entziehen sich dort der routinemäßigen Entwurmung beim Katzenkind, die nur auf im Darm befindliche Spulwürmer wirkt. Auch bei regelmäßig entwurmten Wohnungskatzen kommen immer wieder vereinzelt Spulwürmer im Darm an und diese sollten zumindest einmal jährlich (im Kleinkinderhaushalt häufiger) bzw. nach positiver parasitologischer Kotuntersuchung bekämpft werden.

... nur untergroß?

Eines der häufigsten Gesundheitsprobleme bei Katzen ist Übergewicht. Bedingt durch die meist bewegungsarme Wohnungshaltung und die zu großzügige Fütterung mit qualitativ hochwertiger Nahrung entsteht ein dauerndes Missverhältnis zwischen Energieverbrauch und -angebot. Neben dem Bewegungsmangel spielt auch die Kastration indirekt eine Rolle: Ein ganzes Organsystem wird außer Betrieb gesetzt, Ihre Katze verbraucht weniger Energie. Das bedeutet aber nicht – wie oft behauptet – dass die Kastration Katzen dick macht.

Die Ursache von Übergewicht ist immer zu viel Futter bei zu wenig Aktivität!

Das Endergebnis dieser übermäßigen Fütterung sind immer trägere Katzen, die jedes Jahr wieder um einiges schwerer zur Untersuchung vorgestellt werden. Katzen, die sich aufgrund ihres Gewichts nicht mehr richtig putzen können, weil sie zu unbeweglich sind, um den Rücken, Schwanzansatz oder die Analregion zu erreichen, leiden ganz erheblich. Und Katzen, die sich aufgrund ihres Übergewichts kaum mehr auf ihren Beinen halten können, leiden in großem Maße. Häufig wird Übergewicht nicht ernst genommen und bagatellisiert – „er frisst halt so gern“. Das ist ein sicherer Weg zur übergewichtigen, kranken und gequälten Katze!

Ein Übermaß an Gewicht verkürzt nicht nur deutlich die Lebenserwartung Ihrer Katze – es verringert auch die Lebensqualität Ihres kleinen, beweglichen und ehemals athletischen Raubtiers ganz enorm. Vergessen Sie einfach die Idee, dass Sie Ihrer Katze irgendetwas Gutes tun, wenn Sie ihr noch mehr Futter anbieten.

Und denken Sie einfach noch ein bisschen weiter an die schwerwiegenden Folgen, die Sie Ihrer Katze mit Ihrer Kurzsichtigkeit antun:

Diabetes ist bei der Katze, ähnlich wie beim Menschen, eine klassische Folge von Übergewicht. Zuckerkranke Katzen können zwar sehr gut behandelt werden, aber: Wollen Sie Ihrer Katze wirklich tägliche Insulininjektionen zumuten?

Hepatische Lipidose ist eine Stoffwechselstörung, die häufig bei übergewichtigen Katzen auftritt. Ein paar Tage Appetitlosigkeit, weil Sie übers Wochenende weg sind, reichen bei diesen Katzen aus, und es kommt zum katastrophalen Zusammenbruch. Die Leber ist mit den anfallenden Stoffwechselprodukten aus den Fettreserven überfordert und gibt auf. Nur die Hälfte aller Katzen kann aus dieser Krise mit intensivster Therapie gerettet werden, für viele endet sie tödlich.

Daher: Übergewichtige Katzen müssen langsam, mit geeignetem Futter und unter tierärztlicher Kontrolle abnehmen. Wenn Sie sie einfach hungern lassen, besteht die Gefahr der hepatischen Lipidose!

Schließlich fördert Übergewicht noch eine Reihe anderer Erkrankungen:

Schmerzhafte Arthrosen (Gelenkabnützung) entstehen durch die übertriebene Belastung der fein gebauten Gelenke. Das Katzenskelett ist je nach Größe für ein Gewicht von rund 2,5 bis 5 kg ausgelegt – jedes Kilo mehr ist toter Ballast.

Herz-Kreislauf-Erkrankungen können durch Übergewicht ausgelöst oder verschlimmert werden, weil der Herzmuskel zu viel Fettgewebe mit Blut versorgen muss, ohne dass damit ein besonderer Nutzen verbunden wäre. Da sich übergewichtige Katzen wenig bewegen, fallen bereits bestehende Herzerkrankungen nicht auf und eigentlich wirksame Therapien kommen zu spät.

Tumorerkrankungen sind häufiger bei dicken Katzen zu beobachten.

Die Bewegungsunlust von übergewichtigen Katzen ist auch einer der Faktoren, der zur Entstehung von ***FLUTD*** beiträgt. Mehr dazu im übernächsten Kapitel.

Eingeschränktes Putzverhalten und ***Stoffwechselimbalancen*** erkennen Sie an der Schuppenbildung, die die meisten übergewichtigen Katzen im Rückenbereich haben.

Hilfreich zur Vorbeugung von Übergewicht sind regelmäßige Gewichtskontrollen und die Feststellung des FBMI (Feline Body-Mass-Index ®). Mit dem Body-Mass-Index der Katze wurde eine Maßzahl entwickelt, die wesentlich genauer über das Gewicht einer Katze Auskunft geben kann als die alleinige Gewichtsangabe in Kilogramm. Dabei wird die Körpergröße der Katze anhand der Unterschenkellänge in eine Beziehung zum Brustumfang gesetzt. Der normale FBMI® für die Katze liegt zwischen 10 und 30; alle Werte darüber sind gleichbedeutend mit Übergewicht. Bevorzugt lagert sich überschüssiges Körperfett in der Leiste ab. Sogar bei Großkatzen ist diese Hautreserve (für weite Sprünge) gut zu erkennen Je nach Festigkeit des Bindegewebes hängt diese lose Hautfalte mehr oder weniger weit zwischen die Hinterbeine und schlenkert beim Laufen. Bei Gewichtszunahme wird aus der weichen Hautfalte ein dickes Fettdepot, das sich sehr gut tasten lässt – gewichtsreduzierende Diät und mehr Bewegung sind dann auf jeden Fall angebracht.

Kurz zusammengefasst:

* Sie sehen deutlich – nichts, aber schon gar nichts unterstützt Ihre Vorstellung, dass Sie Ihrer Katze mit zu viel Futter etwas Gutes tun.

Und zweimal täglich Zähneputzen!

Auch Ihre Katze hat ein Recht auf gesundes Zahnfleisch und gesunde Zähne – zumal gerade chronischer Schmerz, wie er von Zahnfleischentzündungen und kranken Zähnen ausgeht, die Lebensqualität und Gesundheit ganz enorm beeinträchtigt.

Praktisch jede zweite Katze hat früher oder später Probleme dieser Art: Mundgeruch, Zahnfleischentzündungen, Zahnstein, Parodontose und Zahnverlust durch FORL (Feline Odontoclastic Resorptive Lesions).

Es beginnt alles wie beim Menschen auch: mit *Zahnbelägen*. Diese enthalten massenhaft Bakterien, die von Futterresten leben und schlechten *Mundgeruch* verursachen. Nach einiger Zeit werden in diese Beläge (Plaque) Mineralstoffe aus der Nahrung und dem Speichel eingebaut und es entsteht *Zahnstein*.

Dieser Zahnstein ist natürlich immer noch ideale Wohnstätte für unzählige Bakterien, deren Giftstoffe das angrenzende Zahnfleisch schädigen, und es kommt zur schmerzhaften *Zahnfleischentzündung (Gingivitis)*. Sie erkennen diese Gingivitis am deutlich geröteten und verdickten Zahnfleischsaum, der bei Berührung ganz leicht blutet. Mit der Zeit wuchern der Zahnstein und die Bakterien immer weiter unter das Zahnfleisch. Es entstehen Taschen, in denen sich die Bakterien besonders wohlfühlen und gut geschützt sind. Letztendlich ist der Zahn verloren, weil der gesamte Zahnhalteapparat zerstört ist – *Parodontose*.

FORL sind Auflösungsvorgänge am Zahn, die durch chronische Zahnfleischentzündungen aktiviert werden. Aufgrund der dauernden Entzündung am Zahnfleisch entgleisen die Reparaturmechanismen, und statt mit sinnvoller Abwehr beginnt der Körper mit der Zerstörung von Zahnsubstanz. Auch diese Zähne sind über kurz oder lang kaputt und müssen versorgt oder entfernt werden.

Ausnahmslos alle diese Vorgänge sind für Ihre Katze mit Schmerz verbunden! Natürlich ist eine leichte Gingivitis mit einem schmalen roten Saum nicht extrem schmerzhaft, aber gerade chronischer Schmerz beeinträchtigt das Wohlbefinden viel mehr als ein heftiger, aber nur kurzdauernder Schmerz. Abgesehen davon wirken sich Zahn- und Zahnfleischerkrankungen auch bei der Katze auf andere Organe aus. Bakterien werden mit dem Blut – und Zahnfleisch ist sehr gut durchblutet – in den ganzen Körper verstreut und schädigen innere Organe wie Nieren, Leber oder den Herzmuskel und die Herzklappen. In Extremfällen können solche Streuherde auch Todesfälle verursachen, weil das Immunsystem irgendwann überfordert ist und völlig zusammenbricht – Abszesse in Leber, Lunge oder Nieren sind die Folge.

Wie Sie bereits wissen, ist das Verteilen von Geruchsmarken aus den Drüsen an Kinn und Wange für Katzen außerordentlich wichtig, weil sie dadurch ihrer Umwelt einen heimeligen und vertrauten Touch geben. Wenn nun aber Ihre Katze beim Reiben über Kanten und Ecken Schmerzen hat, weil sie an einer Gingivitis leidet, dann reduziert sie ihr Markierverhalten einfach. Dadurch ist sie in zweifacher Weise beeinträchtigt: Einerseits durch den chronischen Schmerz und andererseits durch das Fehlen beruhigender Pheromone. Mag sein, dass Ihnen das gar nicht so deutlich auffällt – der Stresslevel für Ihre Katze ist eindeutig erhöht.

Dass Ihre Katze weniger Gesichtsmarken setzt, sehen Sie unter Umständen sogar an schwarzen Krümeln und Mitesserbildung am Kinn und an den Lippenrändern.

Vielfach ist aufgrund von Schmerz auch das normale Putz- und Fellpflegeverhalten reduziert – das Fell Ihrer Katze wird stumpf und struppig, weil es durch zähen und bakteriendurchsetzten Speichel verklebt oder wegen der Schmerzen eben nur mehr unzureichend mit der rauen Katzenzunge durchgekämmt wird.

Wenn Sie den Appetit Ihrer Katze als einzigen Maßstab für Zahn- und Zahnfleischerkrankungen heranziehen, muten Sie Ihr sehr viel Schmerz zu – das Fressen stellen Katzen mit chronischen Mundhöhlenerkrankungen erst dann ein, wenn es ihnen wirklich sehr, sehr schlecht geht!

Erste Anzeichen und somit auch Alarmzeichen für Schmerzen in der Mundhöhle sind verlangsamtes Fressen, umständliches Hin- und Herschieben von Futter in der Mundhöhle oder Weggehen von der vollen Futterschüssel kurz nach Beginn des Fressens.

Um diesen ganzen unangenehmen Erkrankungen vorzubeugen, gibt es eine einfache Lösung:

Sie putzen Ihrer Katze die Zähne!

Vielleicht lächeln Sie jetzt still vor sich hin oder lachen auch lauthals auf – es ist dennoch kein Witz, den ich hier auf Kosten Ihrer Katze mache. Im Gegenteil: Zähneputzen ist nachweislich auch für Katzen ein sicherer Weg, um Erkrankungen von Zähnen und Zahnfleisch vorzubeugen.

Mit ein bisschen Geduld und dem richtigen Werkzeug – und natürlich der passenden Katze – ist *Zahnhygiene* keine Hexerei. Gewöhnen Sie Ihre Katze langsam, freundlich und ohne Druck an die notwendigen Handgriffe: Festhalten des Kopfes, Hochziehen der Oberlippe (ohne an den Schnurrbarthaaren zu ziepen!), Berühren von Zähnen und Zahnfleisch und schließlich – wenn das alles toleriert wird – die Reinigung mit der Zahnbürste. Es gibt eigens für Katzen kleine und speziell geformte Zahnbürsten sowie spezielle Zahnpasten. Diese sind in verführerischen Geschmacksrichtungen (meistens Fisch oder Huhn) erhältlich und können – im Gegensatz zu für menschlichen Gebrauch gedachten Zahnpasten (giftig für Katzen) – auch gefahrlos geschluckt werden. Am besten lassen Sie sich alle Handgriffe und das beste Material von Ihrer Tierärztin zeigen. Nach kurzer Trainingszeit (einige Tage bis Wochen, hier sind keine Rekorde nötig) haben Sie alles im Griff und Ihre Katze hat gelernt, dass der angenehme Geschmack ein schöner Ausgleich für das Herumgefummel in ihrem Mund ist. Selbstverständlich können Sie Ihr anschließend auch eine kleine Belohnung zukommen lassen. Ergänzend zur aktiven Mundhygiene (und somit natürlich auch für unkooperative Katzen geeignet) gibt es Möglichkeiten zur passiven Zahnhygiene über die Fütterung. Diverse Snacks, Kautabletten und Futtermittel sind auf dem Markt, die zur Zahnsteinminderung beitragen können – gänzlich verhindern ist nicht möglich.

Selbst bei konsequentem Zähneputzen bekommt Ihre Katze wahrscheinlich im Lauf der Jahre Zahnstein und benötigt, wie im Übrigen wir Menschen auch, eine *professionelle Zahnreinigung*. Ihre Tierärztin wird unter Kurznarkose den Zahnstein mit dem Ultraschallgerät entfernen und anschließend die Zähne mit Polierpaste glatt und blitzblank polieren. Auf dieser schönen glatten Oberfläche kann sich Zahnbelag nur sehr schwer wieder festsetzen. Oftmals haben Katzenbesitzer Sorge, weil die Katze für diese Zahnreinigung in Narkose gelegt werden muss. Diese verständliche Sorge darf aber keinesfalls Rechtfertigung sein, seiner Katze chronischen Schmerz und eitrige Zahnherde zuzumuten – demgegenüber ist das Risiko einer modernen Katzennarkose deutlich geringer einzuschätzen.

Kurz zusammengefasst:

* Mundgeruch, Zahnfleischentzündung, Parodontose, FORL, reduziertes Gesichtsmarkieren und Putzverhalten verursachen Schmerz, Krankheit und beeinträchtigen das Wohlbefinden Ihrer Katze!
* Regelmäßiges Zähneputzen und frühzeitige professionelle Zahnreinigung sind ein sicherer Weg, Ihrer Katze Wellness zu erhalten!

Können Katzen weinen? FLUTD und chronische Blasenentzündung

Nein, Katzen weinen leider nicht – sie werden unsauber. Leider deshalb, weil ansonsten viel schneller offensichtlich wäre, dass sie leiden. So reagieren die meisten ängstlichen und deprimierten Katzen mit stillem Rückzug und in manchen Fällen auch mit chronischen Blasenleiden und Unsauberkeit.

Erkrankungen der Harnwege, FLUTD, (Feline Lower Urinary Tract Disorder), sind bei Katzen ziemlich häufig, und die

Ursachen sind vielfältig. Angeborene kleine Missbildungen an der Blase, Tumore und Infektionen sind selten, etwas häufiger ist Kristallbildung die Ursache, aber – in rund zwei Drittel aller Fälle ist derzeit trotz gründlicher Diagnostik und aufwändiger Suche keine Ursache zu finden.

Missbildungen und Tumore können nach der Abklärung chirurgisch behandelt werden. Kristalle fallen im konzentrierten Katzenharn sehr leicht aus, insbesondere wenn die Wasseraufnahme vermindert, der Mineralstoffgehalt im Futter zu hoch ist oder wenn die Katze zu selten Harn absetzt. Wie Sie einen Teil dieser Faktoren beeinflussen können, wissen Sie schon aus den vorangegangenen Abschnitten „Wasser ist zum Trinken da" und „Katzenklo und so".

Bis vor einigen Jahren war im Katzenharn praktisch nur eine Art von Kristallen nachweisbar – demnach auch nur eine entsprechende Diät als Unterstützung nötig. In den letzten Jahren hat sich das geändert, sodass nunmehr vor Diätmaßnahmen unbedingt die Art der Kristalle bestimmt werden muss, um nicht die falsche (in diesem Falle schädliche) Diät zu wählen.

Leider gibt es unzählige Katzen, bei denen keine Chirurgie, kein Antibiotikum und auch keine Diät helfen – es sind diejenigen Katzen, bei denen mit den derzeit verfügbaren diagnostischen Möglichkeiten keine organische Ursache für die Erkrankung gefunden werden kann. Diese Katzen haben chronisch wiederkehrende Schmerzen beim Harnabsatz, setzen blutigen Harn in kleinen Mengen und meistens außerhalb des Katzenklos ab.

Aus vergleichenden Untersuchungen geht hervor, dass diese Art der chronischen Blasenentzündung bei der Katze in vielen Befunden mit einem ähnlichen Problem bei Frauen übereinstimmt. Von daher ist auch bekannt, dass Stress ein wichtiger Auslöser für diese schmerzhafte Erkrankung ist.

Und das gilt auch für die Katze. Bei vielen jener Katzen, wo keine organische Ursache gefunden werden kann, ist diese Blasenentzündung ein körperliches Symptom für ein tieferliegendes psychisches Problem: Unsicherheit und dauernde Ängstlichkeit.

Hier die Hauptursachen:

* Reine Wohnungshaltung mangelhaft sozialisierter Katzen
* Beengter und eintöniger Lebensraum in der Wohnung
* Fixierung auf eine oder zwei Personen und folglich
* fehlende Flexibilität bei familiären und beruflichen
* Veränderungen
* Soziale Probleme von Katzen untereinander
* Schmerz
* Bestrafung

Schmerz beim Harnabsatz erhöht natürlich den Stresslevel ganz gewaltig, und die meisten Katzen meiden ihr Katzenklo als vermeintliche Ursache für den Schmerz. Jetzt fehlt nur noch ein strafender Besitzer und das Unglück für die Katze ist perfekt – der Teufelskreis geschlossen.

Ein Ausweg für diese Katzen ist in vielen Fällen nur durch großzügige Schmerztherapie und die Gabe stimmungsstabilisierender Medikamente, wie z. B. Antidepressiva, zu erreichen. Dadurch werden nicht nur die körperlichen Symptome beseitigt, sondern auch die zugrunde liegende Ursache, chronische Ängstlichkeit, beeinflusst.

Das Allerwichtigste ist aber katzengerechte Gestaltung der Wohnung mit ausreichend Rückzugsraum, sinnliche Abwechslung und interaktives Spiel.

Kurz zusammengefasst:

* Chronische Blasenprobleme bei der Katze sind sehr oft durch Dauerstress verursacht – wieder ein Beispiel dafür, wie artgerechte Katzenhaltung in der Wohnung Teil einer ganzheitlichen Gesundheitsvorsorge wird.

Noch mehr Abkürzungen: FeLV, FIV und FIP

FeLV: Felines Leukämie-Virus

Die FeLV-Infektion oder Katzenleukämie ist eine häufige infektiöse Todesursache bei Katzen. Durch regelmäßige Tests und Impfungen ist sie aber seltener geworden.

Die Übertragung erfolgt durch direkten Kontakt von Katzen. Eine Übertragung durch den Menschen über Kleidung und Schuhe ist sehr unwahrscheinlich, weil das FeL-Virus außerhalb der Katze nur wenige Minuten ansteckungsfähig bleibt.

Katzen, deren Immunsystem gut funktioniert, werden nach einer Ansteckung oft wieder virusfrei. Erkrankte Katzen entwickeln manchmal Tumore (Lymphome) an verschiedenen Organen oder haben eine unbeeinflussbare Anämie, weil das Virus im Knochenmark die Produktion von Blutkörperchen stört. Die meisten Katzen leiden nur an unspezifischen Symptomen – Gewichtsverlust, Fieber, schlecht heilende Wunden oder opportunistische Infektionen, weil durch die Infektion das Immunsystem geschädigt wird.

Eine Therapie, die zur Ausheilung führt, ist nicht möglich, allerdings können die Überlebensraten durch unterstützende Therapie und stressfreie Haltung erhöht werden. FeLV-positive Katzen sollten ausschließlich in der Wohnung leben, um andere Katzen vor Ansteckung zu schützen und den Stress durch andere Infektionen zu vermeiden.

Vorbeugend kann, nach Ausschluss einer bereits bestehenden Infektion durch einen Test, gegen FeLV-Infektionen geimpft werden. Besonders gefährdet sind junge Katzen, Freilaufkatzen und solche, die in größeren Gruppen leben.

FIV: Feline Immunschwäche-Virus

FIV-Infektionen führen bei der Katze zu einer Immunschwäche, dem menschlichen AIDS vergleichbar. Es gibt keine Hinweise, dass an FIV erkrankte Katzen den Menschen gefährden.

Verglichen mit FeLV oder FIP ist die FIV-Infektion wesentlich seltener. Die Übertragung erfolgt durch Bissverletzungen, sodass typischerweise ältere und unkastrierte Kater davon betroffen sind.

Wie bei der menschlichen HIV-Infektion wird die Arbeit des Immunsystems auch bei infizierten Katzen beeinträchtigt. Es kommt zu opportunistischen Infektionen (z. B. chronische Erkrankungen der Mundhöhle), und am häufigsten werden FIV-Katzen wegen Krebserkrankungen euthanasiert. Der Verlauf einer FIV-Infektion ist aber bei der Katze, verglichen mit AIDS, wesentlich langsamer und milder, die meisten Katzen haben bei guter Betreuung und stressfreier Haltung eine normale Lebenserwartung.

Eine Therapie ist derzeit nicht möglich, unterstützende Maßnahmen sind natürlich sinnvoll.

Es gibt noch keinen Impfstoff, Forschungsarbeiten dazu sind aber im Gange. Besonders gefährdet sind rauflustige Freilaufkatzen, insbesondere unkastrierte Kater. Friedlich zusammenlebende Katzen stecken sich nur in Ausnahmefällen gegenseitig an.

FIP: Feline Infektiöse Peritonitis bzw. Polyserositis

FIP ist eine schwere, unheilbare und hochkomplex verlaufende Erkrankung der Katze, bei der es immer noch viele Unklarheiten gibt. Der Erreger ist ein felines Coronavirus, mit dem rund die Hälfte aller Katzen einmal im Leben Kontakt hat. In weitaus den meisten Fällen bleibt dieses Virus in Darmzellen, verursacht milde Durchfälle und wird nach einiger Zeit vom Immunsystem der Katze wieder eliminiert. Manchmal jedoch verändert sich das Virus (Mutation) und besiedelt neben den Darmzellen auch Zellen des Immunsystems. Es ist *in* der Katze vom Coronavirus zum FIP-Virus geworden. Die Veränderungen sind minimal, und derzeit sind die beiden Varianten mit Routinetests nicht voneinander zu unterscheiden – nur der Effekt in der Katze macht den Unterschied. Aus ungeklärter Ursache entgleist das Immunsystem der Katze bei Anwesenheit dieser Virusvariante, und es kommt zur FIP. Durch Entzündungsvorgänge entstehen Flüssigkeitsansammlungen in Brust- und Bauchhöhle oder kompakte Entzündungsherde in verschiedenen Organen (Granulome).

Der Übergang von einer Form zur anderen ist fließend und abhängig vom Immunstatus der Katze. Die Diagnose kann vor allem in den frühen Stadien sehr schwierig sein, weil die meisten Katzen wenig eindeutige Symptome zeigen: Fieber, Appetitlosigkeit, Abmagerung. Es gibt immer wieder unklare Fälle, wo auch mit Labortests keine eindeutige Diagnose zu stellen ist.

Es existiert aktuell keine Möglichkeit, an FIP erkrankte Katzen zu therapieren.

Den wichtigsten Infektionsweg stellt die Übertragung von der Mutter auf ihre Kinder dar. Ab der 5. bis 6. Woche geht der Schutz aus der Muttermilch verloren und die Katzenkinder infizieren sich am Kot ihrer Mutter.

Die effektivsten Maßnahmen gegen FIP sind vorbeugender Natur. Einer der Faktoren, die fast immer auslösend an einer FIP-Erkrankung mitwirken, ist Stress. Dauernder sozialer Stress in einer unharmonischen Katzengruppe oder unpassende Lebensbedingungen beeinträchtigen die Funktion des Immunsystems. Im Darm vorhandene Coronaviren vermehren sich schneller und die Fehlerquote beim Kopieren steigt – somit auch die Wahrscheinlichkeit einer Mutation zum krankmachenden FIP-Virus. In dichten Katzenhaltungen (Tierheim, Züchter) steigt der Infektionsdruck für alle Katzen, weil das Virus mit dem Kot ausgeschieden wird. Alle Katzen, die dasselbe Katzenklo benützen, infizieren sich unter diesen Umständen regelmäßig aufs Neue. Neben der Haltung in sozial stabilen Kleingruppen, drei bis vier Katzen, ist daher die konsequente Hygiene am Katzenklo wichtig für die Prophylaxe von FIP. Seit einigen Jahren gibt es eine Impfung gegen FIP, die aber nur begrenzt wirksam ist. Aus den bisherigen Erfahrungen ist auch zu folgern, dass bereits mit Coronaviren infizierte Katzen nicht mehr effektiv geschützt werden können, weil sie das Virus schon in sich tragen.

Merke:

* Ein positiver „FIP-Test" ist *keine* Aussage, dass eine Katze FIP hat. Rund 50 % aller Katzen haben/hatten Kontakt mit Coronaviren. Nur wenige davon erkranken an FIP.
* Ein „FIP-Test" ist der *indirekte* Nachweis von Coronaviren. Es gibt die Möglichkeit, Teile des Coronavirus mittels molekulargenetischer Methoden (PCR) nachzuweisen. Auch in diesem Falle können derzeit Corona- und FIP-Viren nicht voneinander unterschieden werden.
* Ein positiver „FIP-Test" allein ist *kein Grund*, eine Katze einzuschläfern.
* FIP kann nur durch eine Kombination von optimaler Katzenhaltung und Hygiene, eventuell in Zusammenhang mit Impfung, gemanagt werden.

Erbrechen und Durchfall

Erbrechen und Durchfall gehören zu den häufigsten Krankheitssymptomen, die Katzen zeigen.

Während Durchfall immer eine Erkrankung im weiteren Sinne als Ursache hat, kann *Erbrechen* bei der Katze durchaus normal sein. Katzen erbrechen sehr leicht, und in einem bestimmten Rahmen gehört dies zu ihren gesunden Lebensäußerungen. Besonders nach dem Genuss von Gras (Katzengras, Cyperus, Getreide) wird wässriger, farbloser Mageninhalt, oft mit Haaren und den Grasteilen vermischt, erbrochen. Je nach Katze und Angebot von geeigneten Pflanzen kann das auch ein paar Mal pro Woche passieren. Stellen Sie sich jedenfalls auf eines der ungeklärten Rätsel der Katzennatur ein: Ihre Katze wird mit großer Zielstrebigkeit auf Teppichen und Vorlegern (und sei es, dass Sie nur eine einzige Badematte haben) erbrechen und nicht auf den wesentlich leichter zu reinigenden Fliesen. Wahlweise bieten sich auch Hausschuhe an.

Erbrechen unmittelbar nach dem Fressen hängt oft mit hastigem Schlingen, großen Futtermengen und eventuell unverträglichem Futter zusammen.

Erbrechen kann jedoch auch Hinweis auf eine Gastritis oder im schlimmsten Fall sogar einen Darmverschluss sein. Und schließlich erbrechen Katzen vermehrt, wenn sie gestresst und psychisch beeinträchtigt sind (Zahnschmerzen, sozialer Druck etc.).

Daher sollten Sie bei wiederholtem Erbrechen immer fachkundigen Rat bei Ihrer Tierärztin einholen und die Ursache des Erbrechens abklären lassen. Lieber einmal zu viel nachgefragt, als einen Darmverschluss

übersehen!

Durchfall bei der Katze ist immer ein Hinweis auf eine Erkrankung. Die Ursachen sind zahlreich, die systematische Abklärung (insbesondere von chronischem Durchfall) kann aufwändig und kostenintensiv sein. Die Ursachen reichen von Parasitenbefall und Infektionen über chronische Darmentzündungen und Allergien bis zu Systemerkrankungen wie Schilddrüsenüberfunktion. Auch psychische Erkrankungen (chronische Ängstlichkeit, Dysthymie) und Dauerstress können mitunter Symptome vonseiten des Darmtrakts verursachen.

Am häufigsten sind fütterungsbedingte Durchfälle – ungeeignete Futtermittel, ständiger Wechsel oder individuelle Unverträglichkeiten können die Ursache sein. Lassen Sie fragliche Futtermittel (z. B. Milch) weg und geben Sie dem Darm Zeit zum Regenerieren, indem Sie die Katze für rund 24 Stunden fasten lassen. Anschließend mit einem leicht verdaulichen Futter (Schonkost oder Diätfutter) in ganz kleinen Portionen anfüttern. Das Zufüttern von gesunden Darmbakterien zur Therapie und Stabilisierung der Darmflora bei durchfallempfindlichen Katzen hat sich gut bewährt.

Auf gar keinen Fall sollten Sie Behandlungsversuche unternehmen bei:

* Jungen Katzen
* Erbrechen *und* Durchfall
* Offensichtlich kranken (matt, appetitlos, zurückgezogen) Katzen
* Blutigem Durchfall
* Länger andauerndem Durchfall

In jedem dieser Fälle kann die Erkrankung lebensbedrohlich und jede Minute wichtig sein!

Ist meine Katze noch normal?

Die ausschließliche Wohnungshaltung überfordert manche Katzen – sie entwickeln Verhaltensstörungen. Das hängt mit der Auswahl ungeeigneter Katzen ebenso zusammen wie mit unrealistischen Ansprüchen und mangelndem Wissen der Besitzer.

Katzen übernehmen als Heimtiere und Familienmitglieder mit engem Kontakt zu ihrem Menschen oft persönliche Funktionen wie Freund-, Partner- oder Kind-Ersatz. Daran ist nichts Schlechtes, aber vorrangig bleiben sie eben immer noch Katzen und müssen auch als solche respektiert werden.

Viele für den Besitzer störende Verhaltensweisen wie Unsauberkeit, Harn- und Kratzmarkieren oder jagdliche Aktivitäten sind völlig normal für Katzen. Störend wird dieses Verhalten dadurch, dass es nicht als normal erkannt wird oder an unerwünschten Orten auftaucht, weil keine alternativen Möglichkeiten zur Verfügung stehen. Dafür haben Sie in diesem Buch genügend Beispiele.

Bleiben noch die wirklichen psychischen Erkrankungen von Katzen wie chronische Angstzustände, Panik und Phobie, Hyperaktivität und Depression, zwanghaftes Wollefressen oder übersteigertes Putzverhalten, erhöhte Aggression und soziale Störungen. Nur allzu häufig werden diese Störungen nicht als solche erkannt und, wie z. B. Angstzustände, als normal oder eben katzentypisch hingenommen. Um auch diese aus dem Gleichgewicht geratenen Katzen – und Katzen-Besitzer-Beziehungen – wieder ins Lot zu bringen, gibt es ein Spezialgebiet in der Tiermedizin – die Klinische Ethologie oder Verhaltensmedizin. Bei allen Problemen, die mit den hier beschriebenen einfachen Maßnahmen in der Wohnung nicht zu beheben sind, sollten Sie Ihre Tierärztin um Rat fragen. Manchmal steckt eine Erkrankung dahinter; sobald aber körperliche Ursachen ausgeschlossen worden sind, lassen Sie sich zu einer verhaltensmedizinisch versierten Tierärztin überweisen. Es mag für viele Menschen lächerlich klingen, mit seiner Katze zum „Psychiater" zu gehen – hören Sie nicht hin und erlauben Sie Ihrer Katze auch in psychischer Hinsicht im Gleichgewicht zu sein. Nach der richtigen Diagnose gibt es zahlreiche Therapiemöglichkeiten, die von der Information zu spezieller Erziehung, guter Kommunikation, veränderter räumlicher und zeitlicher Organisation, Neudefinition der Beziehungen bis zur Gabe von Medikamenten (Homöopathie, Bachblüten und falls nötig Psychopharmaka) reichen.

In jedem Fall sollten Sie damit rechnen, dass Sie neben Geld auch Zeit in eine Verhaltenstherapie investieren müssen. Aber: Je schneller Sie sich mit einem Verhaltensproblem an einen Fachmann wenden, desto schneller können Sie wieder in Harmonie mit Ihrer Katze leben!

Am Ende eines Katzenlebens

Wohnungskatzen werden durch qualitativ hochwertige Fütterung und gute Gesundheitsvorsorge immer älter. Sechzehn-, achtzehn- und auch zweiundzwanzigjährige Katzen sind heute keine Seltenheit mehr. Klarerweise gehen damit auch altersbedingte körperliche und geistige Veränderungen einher, die in früheren Jahren nur eher selten zu sehen waren.

Nieren- und Herzerkrankungen können bei Früherkennung durch regelmäßige Gesundheits-Checks ganz gut medikamentell und mit Diät beeinflusst werden, Normalgewicht ist die beste Maßnahme, um Diabetes und Gelenkerkrankungen zu vermeiden.

Eine sehr häufige Gesundheitsstörung bei älteren Katzen ist die Überfunktion der Schilddrüse (Hyperthyreose). Als zentrale und stoffwechselregulierende Hormondrüse hat die Schilddrüse sehr viel Einfluss; die Auswirkungen einer Fehlsteuerung sind entsprechend dramatisch und weitreichend. Die wichtigsten Symptome sind Gewichtsverlust bei erhaltenem oder vergrößertem Appetit, erhöhte Herzfrequenz und erhöhter Blutdruck, vielfach Erbrechen und Durchfall. Manche Katzen werden besonders überempfindlich oder sogar aggressiv und hyperaktiv.

Durch den Nachweis der erhöhten Hormonwerte kann die Diagnose meistens abgesichert werden. Die Therapie besteht in der operativen Entfernung der Schilddrüse, der Gabe von Tabletten (Thyreostatika) oder der Radiojodtherapie.

Altersbedingte Verhaltensänderungen kommen auch bei der Katze vor. Manchmal sind sie schmerzbedingt – aber oftmals sind es einfach wie beim Menschen Verwirrung, Vergesslichkeit, gestörter Tag-Nacht-Rhythmus und Angststörungen. Besonders unangenehm sind nächtliche Unruhe und ausdauerndes monotones Miauen. Wenn in diesen Fällen keine Überfunktion der Schilddrüse die Ursache ist, kann diese Unruhe durch Verhaltenstherapie und Medikamente eingedämmt werden.

Auch mit bester Betreuung und optimaler medizinischer Versorgung kommt irgendwann der Tag, an dem Ihre Katze am Ende ihres Lebens steht. Vielleicht ist sie an einem unheilbaren Tumor erkrankt oder alle medizinischen Möglichkeiten sind ausgeschöpft – Sie wissen auf jeden Fall, eine Entscheidung ist notwendig.

Und Sie fürchten diesen Tag unendlich ...

Vielleicht helfen auch Ihnen ein paar Gedanken, die schon vielen meiner Tierbesitzer geholfen haben.

Da ist zuerst die Angst, eine falsche oder unrechte Entscheidung zu treffen, indem Sie einen Zeitpunkt für die Euthanasie festlegen. Vielleicht ist es zu früh und vielleicht gäbe es da noch eine Hilfe ... In Wirklichkeit ist es aber gar nicht Ihre Entscheidung. Es ist vielmehr das Zusammenspiel von Umständen und Tatsachen – Ihre Katze ist am Ende ihrer Lebenskraft; Ihre Tierärztin meint auch, es wäre Zeit, und ganz innen drin wissen Sie es selbst auch. Aber da ist diese Angst vor dem Verlust und dem Schmerz; der verzweifelte Versuch, sich irgendwohin zu flüchten, um dem Unvermeidlichen doch noch zu entgehen. Es gibt nur einen einzigen Ausweg – mittendurch. Und indem Sie für Ihre Katze durch Angst und Schmerz hindurch offen bleiben, sagt sie Ihnen den richtigen Zeitpunkt – Sie müssen nur hinsehen und hinhören. Nicht Sie müssen eine Entscheidung treffen, Ihre Katze entscheidet und Sie dürfen ihr den letzten Liebesdienst erweisen. Es ist wahrlich ein großer Akt der Liebe, einer lang geliebten Katze den Weg freizugeben. Und sogar auf diesem letzten Weg können Katzen noch große Geschenke hinterlassen – man muss sie nur annehmen können!

Und dann ist da noch die Scheu vor der Euthanasie an sich. Wie geht das vor sich, was passiert genau, hoffentlich hat meine Katze keine Schmerzen oder Angst dabei. Euthanasie kommt aus dem Griechischen und bedeutet „schöner Tod". Und so sollte es auch sein – keine Wartezeiten, kein unnötiger Stress für Katze und Besitzer und keine Hektik. Jede Tierärztin hat ihre eigenen Erfahrungen. Immer aber ist die Vorgehensweise individuell auf die Katze und Sie als Besitzer abgestimmt. Sehr ruhige und zugängliche Katzen bekommen ein Narkotikum direkt in die Vene an der Vorderpfote und schlafen innerhalb weniger Sekunden ein. Bei weiterer Vertiefung dieser Narkose hören zuerst die Atmung und dann der Herzschlag auf. Ängstliche oder abwehrende Katzen bekommen vorerst ein Beruhigungsmittel oder eine Narkose, wie für eine Routineoperation, und wenn sie schlafen, ein weiteres Narkotikum in die Vene injiziert.Am besten stellen Sie Ihrer Tierärztin ganz offen alle

Fragen, die Sie beschäftigen. Ich bin mir sicher, dass Sie offene Antworten bekommen werden.

Ist die Katze gesund – freut sich der Mensch!

Und Sie können sich nicht nur freuen – Sie bleiben dadurch auch gesünder.

In jüngsten Untersuchungen wurde nachgewiesen, dass Katzen bedeutend weniger Allergene produzieren, wenn sie sich wohlfühlen.

Die positiven Auswirkungen von Haustieren sind in zahlreichen Untersuchungen nachgewiesen. Verringerte Herzinfarktraten, sinkender Blutdruck, verringerte Herzfrequenz und angenehme Entspannung bei gestressten Menschen – keinem Katzenbesitzer muss das mit wissenschaftlichen Daten noch bewiesen werden. Er weiß es aus eigener Erfahrung.

Sie sorgen also in vielerlei Hinsicht für sich selber, wenn Sie gut für Ihre Katze sorgen.

6 Und man kann sie doch erziehen!

„Katzen kann man doch nicht erziehen!“ Fast jeder, den Sie fragen, wird das bestätigen.

Und ... man kann eben doch! Es ist nur eine Frage des „Gewusst-wie“.

Gehen Ihre Vorstellungen jetzt allerdings in Richtung schlagartige Befehlsausführung nach Anweisungen in militärischem Tonfall – dann muss ich Sie doch enttäuschen. Mit dieser Art von „Erziehung“ werden Sie bei Ihrer Katze nicht den geringsten Erfolg haben.

Wenn Sie aber ein klein wenig von einer rein befehlsorientierten Erziehung abrücken, dann tun sich plötzlich viele ungeahnte Möglichkeiten auf!

Bevor wir uns aber an die praktische Erziehung wagen, zuerst noch ein bisschen Theorie. Keine Sorge, es ist ganz einfach und unkompliziert! Vielen Besitzern erscheint es sogar zu einfach, um überhaupt funktionieren zu können. Aber probieren Sie es selbst aus.

Zu Beginn sollten wir uns wieder einmal ein paar Fragen stellen:

1. Was erwarten Sie sich von Ihrer „erzogenen“ Katze?
2. Wie lernt eine Katze?
3. Wie kann man das in die Praxis umsetzen?

Was erwarten Sie sich von einer gut erzogenen Katze?

Sie meinen, eine Katze zu erziehen bedeutet, ihr ein weitgehend artgemäßes Umfeld in der Wohnung zu bieten?

Sie wollen Ihre Katze erziehen, um in gegenseitigem Respekt, Verständnis und Harmonie denselben Lebensraum zu bewohnen?

Sie sind bereit, auch von Ihrer Katze in Hinblick auf Toleranz und Achtsamkeit erzogen zu werden?

Dann liegen Sie richtig!

Sie werden mit jeglichen Erziehungsversuchen aber kläglich scheitern, wenn Sie Ihrer Katze nicht ein Minimum an artgerechten Verhaltensweisen ermöglichen – das ist der Respekt vor dem Lebewesen Katze. Sie werden auch erfolglos sein, wenn Sie glauben, Ihre Katze mit körperlicher Gewalt und Zwang erziehen zu können – das ist das Verständnis, mit dem wir der Katze begegnen müssen. Und letztlich werden Sie auf diesem Weg in einer Sackgasse landen – weit weg von Harmonie und guter Beziehung zueinander.

Toleranz und Achtsamkeit lehrt Sie Ihre Katze, weil Sie sich immer wieder fragen können, ob ein Verbot tatsächlich so wichtig ist, wie Sie glauben. Ist es nicht wichtig, dann ist es ein Stück mehr Toleranz in Ihrem Leben, wenn doch, dann sollten Sie Ihre Achtsamkeit erhöhen!

Wie lernt eine Katze?

Katzen müssen – wie alle anderen Tiere und wir Menschen auch – ein ganzes Leben lang lernfähig bleiben. Überleben wäre nicht möglich, wenn nicht immer wieder aus angenehmen wie negativen Erfahrungen etwas Neues gelernt werden könnte. Und diese Art des Lernens geschieht ununterbrochen.

Beginnen wir ganz am Anfang – ein Kätzchen wird geboren. Während der Trächtigkeit haben Erfahrungen von Berührung durch die Bauchdecke der Mutter hindurch bereits erste Spuren im sich entwickelnden Gehirn hinterlassen. In den ersten Lebenswochen verursachen alle Sinneswahrnehmungen – und das sind für so ein Katzenkind ziemlich viele – einen bleibenden Eindruck. Das kleine Gehirn entwickelt sich umso besser und intensiver, je mehr Informationen in dieser Zeit gespeichert werden. Es entsteht ein unvorstellbar dicht vernetztes System, das die Grundlage für alle weiteren Lernprozesse darstellt. Fehlen diese Sinnesreize in der Entwicklungszeit, dann entwickelt sich das Gehirn nur mangelhaft. Ein Katzenkind, das die ersten Lebenswochen in völliger Dunkelheit verbringt, ist blind. Die Augen funktionieren zwar, aber die Verarbeitung im Gehirn findet nicht statt, weil keine Vernetzung erfolgen konnte.

Die wichtigste Schlussfolgerung daraus: Möglichst viele Erfahrungen und Sinnesreize in der frühen Jugend sind die Basis für eine gute Gehirnentwicklung; und je weiter vernetzt das System ist, desto flexibler und besser läuft die Informationsverarbeitung im weiteren Leben ab.

Um lebenswichtige Informationen – z. B. bezüglich Nahrungserwerb, Arterhaltung und Gefahr – ganz sicher und automatisch wieder verfügbar zu machen, entstehen Verbindungen mit Sinnesinformationen und Gefühlen, also Assoziationen (lat. associare = verbinden).

Das Ergebnis der Verknüpfung wird auch *Konditionierung* (lat. conditio = Bedingung) genannt: Ein Geschehen (Reiz, Erlebnis) bedingt in der Folge eine Reaktion (bestimmtes Verhalten).

Ein Beispiel: In einer gefährlichen Situation kommt es zur schlagartigen Ausschüttung von Stresshormonen (Sie kennen das Adrenalin!) und zu unangenehmen körperlichen Empfindungen. Diese körperlichen Empfindungen – Herzklopfen, Muskelspannung, Schweißausbruch etc. – werden automatisch mit dem Gefühl Angst verknüpft. Auch wird alles, was zu diesem Gefühl Angst geführt hat, abgespeichert oder eben gelernt: Ort, Tageszeit, Geruch, Farben und Formen, Geräusche, andere Lebewesen, eigene Handlungen und Körperhaltungen. Es ist ein Erinnerungsmuster dieser gefährlichen Lage entstanden: Wenn diese Bedingungen eintreten, dann ist das unangenehm oder gefährlich. Jeder Hinweis auf eine Gefahrensituation dieser Art führt zu unbewussten (Herzfrequenz steigt, Schwitzen usw.) und bewussten Veränderungen im Verhalten (Vermeidung, Flucht, rechtzeitiger Angriff).

Um die Beeinflussung dieser bewussten Handlungen geht es bei der Erziehung der Katze.

Auch im positiven Sinne gibt es natürlich solche Verknüpfungen – Assoziationen – mit angenehmen Erlebnissen: gutes Futter, Jagderfolg oder freundliche soziale Kontakte, um nur einige zu nennen.

Das angenehme Gefühl der Befriedigung führt dazu, dass Handlungen, die zu diesem Erfolg geführt haben, wiederholt werden. Der Erfolg wirkt als *Verstärker* oder Bestätigung des Verhaltens.

Auch Orte, die mit angenehmen Erinnerungen verbunden sind, werden bevorzugt wieder aufgesucht – denken Sie nur an Ihren letzten schönen Urlaub!

Beim ersten Mal kommt der Erfolg zufällig: Stellen Sie sich ein kleines Kind vor, das zum ersten Mal an einer Automatiktür vorbeikommt, die sich durch die Bewegung an einem bestimmten Punkt öffnet. Staunend sieht dieses Kind den Effekt (es hat noch keine Ahnung von Bewegungssensoren) und nach dem Schließen der Tür probiert es genau dasselbe noch einmal – es geht an den Punkt zurück, wo es das Öffnen der Tür bemerkt hat. Und noch einmal, und noch einmal ... es hat gelernt: Wenn ich mich dorthin bewege, dann passiert etwas.

Was geschieht, wenn eine Handlung schon einige Male zum Erfolg geführt hat und plötzlich setzt der Erfolg aus? Man wird ausdauernder – das hat doch bisher immer geklappt!

Noch ausdauernder und frustrationstoleranter wird man, wenn es nur mehr nach dem Zufallsprinzip klappt! Jeder, der am einarmigen Banditen spielt, tut das, um nach dem Zufallsprinzip belohnt zu werden. Sie sehen also – auch wir Menschen unterliegen ähnlichen Lernprozessen. Nur manchmal übersehen wir diese einfache Unmittelbarkeit, weil wir meistens in den abstrakten Vorstellungen von Zeit und Raum denken.

Katzen können das auch, allerdings in begrenzterem Ausmaß, sodass Sie bei allen Lernprozessen diese eben beschriebenen Grundregeln beachten müssen.

Neben den eben beschriebenen Lernprozessen gibt es noch einen anderen: das soziale Lernen. Katzenkinder lernen durch Zusehen und indem sie ihre Mutter nachahmen. Dieses Lernen durch Beobachtung erfordert besondere kognitive Fähigkeiten, die die Katze ohne Zweifel hat. Bei enger Bindung und entsprechender Motivation lernen viele Katzen, Türen und Schränke zu öffnen oder das WC zu benützen, indem sie ihre Besitzer nachahmen.

Kurz zusammengefasst:

* Katzen sind umso offener und flexibler für Lernprozesse, je besser ihr Gehirn entwickelt ist und je mehr sie gefordert werden.
* Katzen lernen am Erfolg oder Misserfolg, indem sie automatisch mit allem Assoziationen herstellen, was zu diesem Erfolg oder Misserfolg geführt hat oder geführt haben könnte.
* Erfolgserlebnisse erhöhen die Wahrscheinlichkeit, dass ein Verhalten öfter wiederholt wird.
* Zufällige Belohnungen haben den besten Effekt.
* Katzen können von anderen Katzen und Menschen durch Beobachtung und Nachahmung lernen.

Alles nur eine Frage der Motivation!

Einer der beiden Gründe, warum Katzen vielfach als unerziehbar gelten, ist mangelndes Wissen über ihre Motivationen.

Motivierend ist für eine Katze, was sie subjektiv als Erfolg, und daher als Belohnung, erlebt.

Nur: Was ist denn nun ein Erfolgserlebnis für eine Katze?
Und wie bekommen wir Kontrolle über diese belohnenden Dinge, um sie gezielt als Verstärker einsetzen zu können?

In erster Linie sind natürlich für alle Tiere die grundlegenden Lebensbedürfnisse solche Verstärker oder Erfolge: fressen, trinken, schlafen, spielen, laufen; ja sogar pinkeln hat einen selbst belohnenden, weil befreienden, Effekt.

Es sind aber auch soziale Kontakte und Sicherheitsgefühl. Hunde machen uns diesbezüglich die Erziehung etwas leichter – das Wichtigste, was Hunde haben oder erreichen wollen, haben wir unter unserer Kontrolle – es sind wir selbst. Die soziale Sicherheit kommt für den Hund vorrangig aus dem hierarchischen Sozialsystem, und alles dreht sich um das Zentrum Rudelführer, der sagt, wo es langgeht.

Bei der Katze ist das ein klein wenig komplizierter. Katzen sind schwieriger zu motivieren, weil sie ihre Sicherheit aus ihrem stabilen Zeit-Raum-Gefüge und nicht aus dem straff organisierten Sozialverband beziehen.

Katzen leben nicht in stabilen Rangordnungsbeziehungen und zeigen somit auch nur wenig Tendenz, das zu machen, was ein anderer sagt. Gemeinsame Jagd und Reviererforschung fällt flach, weil die Katzen aufgrund ihrer Beutegröße zwangsläufig Einzeljäger sind und Beteiligungen anderer als störend empfinden.

Das bedeutet nicht, dass Katzen weniger motiviert sind – ganz im Gegenteil! Wenn es um das geht, was ihnen wichtig ist, sind sie sogar überaus hartnäckig und ausdauernd.

Leider sind Geruchsabenteuer oder Trödelspaziergänge zur richtigen Zeit am richtigen Ort nur schwerlich als flexible Bestärkung einzusetzen, und aufgedrängte Körperkontakte sind manchen Katzen eher zuwider denn belohnend. Und für ein anerkennendes „Toll gemacht, brave Katze" von ihrem Mitbewohner Mensch reißt sie sich auch nichts ab.

Bleibt in erster Linie die Belohnung mit Futter. Aber das darf dann ruhig auch etwas exquisiter sein!

Jede Katze ist käuflich, Sie müssen nur ihren Preis rausfinden.

Für ganz Verfressene kann sogar das alltägliche Trockenfutter bestärkend wirken, aber in den meisten Fällen ist Ihr Einfallsreichtum gefragt. Und noch etwas: Nicht die Größe der

Belohnungshappen ist entscheidend, sondern die Schmackhaftigkeit und Attraktivität! Hier eine kleine Auswahl an bewährten und begehrten Leckerbissen: kleine Stückchen Käse, Wurst oder Schinken (3–5 mm Kantenlänge), kl. Stückchen getrocknete Leber, Backerbsen, Cornflakes, Shrimps, Lachs, Tunfisch, Trockenfisch, Jogurt, Sauerrahm, Pudding, Bierhefe, Oliven, Katzenminze – testen Sie, was Ihre Katze absolut begehrenswert und unwiderstehlich findet. Berücksichtigen Sie die zusätzliche Energiezufuhr und reduzieren Sie entsprechend die tägliche Futtermenge. Bieten Sie Ihrer Katze nur Leckerbissen an, die sie auch verträgt und die ihr keine Verdauungsstörungen verursachen.

Bei spiel- und jagdfreudigen Katzen kann auch eine fetzige Spielrunde als Belohnung wirken, bei anderen Körperpflege wie kämmen und bürsten.

Einfaches Kraulen und Streicheln hat meistens keinen umwerfenden Belohnungseffekt. Praktisch alle Katzen bekommen Streicheleinheiten, ohne sich dafür anstrengen zu müssen – es besteht für sie daher kein Anlass, jetzt plötzlich eine Gegenleistung in Form von gutem Benehmen abzuliefern. Sie bekommen ja sowieso, was sie wollen – eben ein bisschen später.

Eine wichtige Belohnung, die sehr häufig unterschätzt wird, ist Aufmerksamkeit: Aufsehen erregen kann Spaß machen! Somit kann jegliche Reaktion von Ihnen – einschließlich schimpfen und drohen – eine Belohnung sein. Natürlich ist das immer von den Alternativen abhängig: Abwehrende Aufmerksamkeit ist im Fall des Falles immer noch besser als gar keine. Tagtäglich präsentieren Kinder diese Technik: Bevor sie gar nicht zur Kenntnis genommen werden, nehmen sie doch lieber ein „Gib endlich Ruhe“ in Kauf.

Kurz zusammengefasst:

* Sie müssen Ihre Trümpfe kennen und gezielt ausspielen.
* Belohnungen für Katzen müssen nicht groß, aber umwerfend toll und außergewöhnlich sein.

Strafe muss sein! Muss Strafe sein?

Nachdem Sie nun so viel über Belohnungen und positive Bestärkungen gelesen haben, taucht vielleicht die Frage auf: Ja gut, aber was ist zu tun, wenn die Katze etwas *nicht* machen soll?

Das ist nun der zweite Grund, warum Katzen als unerziehbar gelten. Sie lassen sich nämlich mithilfe von Zwangsmaßnahmen und direkten Strafen gar nicht erziehen.

Nicht im Geringsten!

Auch beim Hund funktioniert diese Art der repressiven Erziehung nicht besonders gut. Aber immerhin lassen sich bei entsprechendem Druck noch Ergebnisse erzielen, die mancher als Erfolg ansieht. Und was ganz wichtig ist – Hunde akzeptieren erzieherischen Druck eher als Katzen. Während die meisten Hunde üblicherweise mit vermehrten Beschwichtigungsgesten reagieren, um ihren Besitzer zu beruhigen, entziehen sich Katzen diesem Druck ganz einfach. Frei nach dem Motto: Na gut, dann eben nicht. Sie sind ja sozial nicht im selben Ausmaß wie Hunde vom Menschen abhängig.

In unseren ganzen Erziehungssystemen hat Strafe einen bedeutend höheren Stellenwert als Belohnung. Erst in den letzten Jahren bekommt das Konzept der positiven Verstärkung eine zunehmende Bedeutung. Alles, was Sie bis hierher über Erziehung gelesen haben, entspricht diesem Modell.

Aber, sagen Sie mit Recht, es gibt ja neben den angenehmen Erfahrungen auch unangenehme im Leben. Völlig korrekt. Betrachten wir die Sache deshalb genauer.

Schlechte Erfahrungen und Angst vor weiteren schlechten Erfahrungen können überlebenswichtig sein. Das führt dazu, dass bestimmte Orte, gewisse Verhaltensweisen oder aber Lebewesen, die negativ assoziiert sind, gemieden werden. Im ungünstigsten Fall – der meistens eintritt – hat Ihre Katze nicht ihr momentanes Verhalten, sondern den Ort und Sie als Täter und Ursache dieser unangenehmen Erfahrung assoziiert. Endergebnis: Sie tut weiterhin, was Ihnen nicht recht ist, aber sie wird sich hüten, Ihnen dabei noch einmal unter die Augen zu kommen.

War das Ihr Ziel? Eine Katze mit unerwünschtem Verhalten *und* Angst vor Ihnen?

Mit einer Strafe können Sie Ihrer Katze zwar mitteilen, was sie *nicht* tun soll, aber was soll sie stattdessen tun? Nichtstun gibt es nicht – welche Alternativen sind also erwünscht?

Bevor Sie daher zur Tat schreiten, um Ihre Katze zu bestrafen, überlegen Sie, was Sie an Stelle des unerwünschten Verhaltens gerne hätten und bestätigen Sie Ihrer Katze das als richtig!

Versetzen Sie sich einmal in folgende Lage: Sie kommen in eine Gruppe von Menschen, deren Sprache und Gebräuche Sie nicht verstehen. Ganz egal, was immer Sie tun – es ist falsch und Sie bekommen eine aufs Dach. Immer und immer wieder: nein, nein, nein. Sie können nichts richtig machen, weil Sie ja gar nicht wissen, was richtig ist.

Das ist der Lerneffekt beim alleinigen Einsatz von Strafe.

Strafe hat in unserem alltäglichen Sprachgebrauch auch immer den Beigeschmack von Moral und Wertvorstellung. Weil eine Anordnung nicht beachtet und Unrecht begangen wurde, kommt im Namen der Gerechtigkeit die Strafe. Keine Katze hat auch nur im Entferntesten eine Ahnung von menschlichen Wertvorstellungen, Moral, Recht und Unrecht. Sie ist eine Katze und sie benimmt sich wie eine Katze. Weder will sie Ihren Vorstellungen entsprechen noch will sie Sie absichtlich ärgern. Sie ist einzig und allein nur auf ihren Vorteil oder Erfolg bedacht – so wie Sie eigentlich auch!

Also ist Strafe – wenn schon – vielmehr als Korrektur eines *Verhaltens* anzusehen und nicht als Sanktion *gegen die Katze* als Persönlichkeit!

Derartige unpersönliche Korrekturen sind erfolgreich, wenn sie – ebenso wie Belohnungen – zum richtigen Zeitpunkt (1 Sekunde!) und regelmäßig (also *nicht* nach dem Zufallsprinzip!) kommen. Außerdem müssen sie der Motivation angepasst sein. Hohe Motivation, etwas zu tun, erfordert wesentlich heftigere Negativerlebnisse.

Ganz einfach: Hühnerfilets auf der Küchenanrichte motivieren eine Katze intensiver und erfordern demzufolge mehr Korrektur als rohe Kartoffeln.

Zufälliger Erfolg beim Erbeuten von Hühnerfilets kann ganz schön bestärkend wirken – Sie müssen 100 Prozent aufmerksam sein, sonst wirkt Ihre Strafe nicht. Ein einziger Erfolg für Ihre Katze auf unzählige Fehlversuche (Zufallsprinzip!) ist der sicherste Verstärker für 100 weitere Versuche.

Am sinnvollsten ist die anonyme und unmittelbare Korrektur:

Sie ist völlig emotionslos und wird zum richtigen Zeitpunkt mit dem unerwünschten Verhalten assoziiert.

Doppelseitige Klebestreifen (Sticky Paws® oder Teppichklebebänder) an Orten angebracht, welche die Katze nicht betreten soll, sind außerordentlich effektiv. Damit können Sie – *nach* katzengerechtem Angebot von Kratzstellen – Ihre Möbel vor Beschädigung schützen oder die Arbeitsfläche in der Küche zur katzenfreien Zone erklären. Für alle Flächen, die Sie selber zeitweise benützen wollen, ohne kleben zu bleiben, bringen Sie die Klebebänder auf einer Hartfaser- oder stabilen Kartonplatte an, die Sie nach Bedarf entfernen oder auflegen können.

Alufolie wird in Form kleiner Kugeln von Katzen sehr geschätzt, knisternd auf Oberflächen angebracht, wirkt sie meist abschreckend.

Plötzliche Geräusche von fallenden Dosen oder ähnlichen scheppernden Objekten machen großen Eindruck, wenn sie im Moment des Springens auf verbotene Oberflächen die Katze erschrecken. Auch hier bauen Sie eine unpersönliche Falle: dünne Holzplatte oder Karton über den Rand vorstehen lassen und mit lärmerzeugenden Objekten (z. B. leere Aludosen mit wenig Münzen oder Schotter drin oder einige PET-Flaschen) bestücken. Wenn Ihre Katze nun auf dieser Oberfläche landen will, kippt der freie Rand der Platte weg und Ihre Katze ist mitten im Tumult. Bitte auf gar keinen Fall schwere Dinge aufstellen oder Objekte, die Ihre Katze verletzen könnten! Es geht nicht um schmerzliche Erfahrungen, sondern um die unangenehme Schrecksituation.

Manchmal ist es vielleicht so, dass Sie trotzdem persönlich auf ein bestimmtes Verhalten Ihrer Katze antworten wollen. Dann tun Sie es am besten so, dass Ihre Katze auch wirklich versteht, was gemeint ist, nämlich: Jetzt ist Schluss, mir reicht's! Das gilt vor allem für junge Katzen, die noch unkontrolliert und grob im Spiel sind.

Überprüfen Sie vorher, ob Ihre Korrektur gerechtfertigt ist. Möglicherweise haben Sie die ersten Signale der Distanzierung übersehen, und Ihre Katze ist bereits beim nächsten Schritt, um Sie fernzuhalten? Dann haben *Sie* die Grenzen überschritten und Ihrer Katze reicht es. Sie jetzt zu strafen, macht keinen Sinn mehr.

Spielerischen Überschwang und unkontrollierte Grobheiten wie ins Gesicht beißen oder kratzen maßregeln Sie am besten in folgender Reihenfolge: Laut und schnaufend durch die Nase ausatmen und dann fauchen oder heftig ins Gesicht der Katze blasen. Zusätzlich sollten Sie einen drohenden Warnlaut abgeben (im Sinne von „wehe dir“) und das Spiel sofort abbrechen.

Nach einer kurzen Auszeit beginnen Sie nochmals von vorne, bis Ihr kleiner Grobian erkennt, dass sich zartere Methoden positiv auf Ihre Spielausdauer auswirken.

Der nächste Schritt sind Schlagandrohung und Ohrfeigen, wie sie auch von Katzen praktiziert werden: Zeigefinger heben und der Katze auf die Stirn legen, fauchen und vorwarnen, falls das nicht ausreicht, mit dem Zeigefinger 2- bis 3-mal ganz schnell auf die Stirn klopfen und Spiel sofort abbrechen.

Eine mildere Möglichkeit ist ein Fingerschnipp an die Ohrmuschel, wie im Kapitel über die Fütterung beschrieben. Befreundete Katzen beißen sich gerne ins Ohr, um dem anderen klarzumachen, dass sie jetzt gerade keine Lust auf intensivere Kontakte oder Nähe haben.

Als dritte Möglichkeit steht Ihnen noch die Blumenspritze oder die Wasserpistole zur Verfügung. Sollten die ersten beiden Möglichkeiten nicht funktionieren, ist ein scharfer Wasserstrahl ins Gesicht oft heilsam. Bei aggressiven Katzen, und falls Sie unsicher sind, ob das Spielverhalten Ihrer Katze noch normal ist, holen Sie sich unbedingt fachlichen Rat von Ihrer Tierärztin.

Blumenspritze mit scharfem Strahl und Wasserpistole haben auch Distanzwirkung und sind meist effektiv, sofern das Timing stimmt. Bedenken Sie aber, dass Sie hier nur nach dem Zufallsprinzip korrigieren und Ihre Anwesenheit meistens mitverknüpft wird.

Um nicht ein ganzes Katzenleben lang mit der Wasserpistole am Gürtel herumlaufen zu müssen, ist es empfehlenswert, ein sprachliches Signal einzuführen: „Nein!"

Nein bedeutet: Sofort mit dem jetzigen Verhalten aufhören! Es enthält aber keinerlei Information, was stattdessen zu tun ist!

Nein wird erst wirksam, wenn es mit einer unangenehmen Erfahrung verknüpft ist – als Vorwarnung für unangenehme Folgen. Bei guter Konditionierung reicht die Vorwarnung, um die Folgen zu meiden.

Sie können Nein je nach Situation mit Fingerschnipp ans Ohr, Blumenspritze oder Anblasen verknüpfen – damit bekommt es allgemeinere (generalisierte) Bedeutung und wird nicht nur mit Ihrer unmittelbaren Nähe assoziiert.

Verwenden Sie immer nur ein einheitliches Nein und schreien Sie nicht – Katzen hören sehr gut!

Eine Strafe, die nichts am Verhalten verändert, wirkt nicht als Korrektur! Wenn eine Korrekturmaßnahme wirksam und geeignet ist, verhindert sie in weiterer Folge das unerwünschte Verhalten. Katzen sind intelligent genug, Unangenehmes zu vermeiden, sie müssen es nur verstanden haben.

Gehen Sie mit Korrekturen bei Ihrer Katze äußerst sparsam um. Jede negative Erfahrung verursacht in gewissem Maße Stress. Solange Ihre Katze einen eindeutigen Zusammenhang zwischen der Korrektur und ihrem Verhalten herstellen kann, steht es ihr frei, diese unangenehmen Situationen zu vermeiden. Wenn aber diese Korrekturen häufig, unregelmäßig, unvorhersehbar oder so massiv kommen, dass die Katze keine Erkenntnis daraus gewinnen kann, lebt sie in einem dauernden

Stresszustand. Abgesehen davon, dass das ernsthaft nachteilige Auswirkungen auf den Gesundheitszustand hat, ist auch weiteres Lernen unmöglich. Stress blockiert Lernen!

Die beste, einfachste und wichtigste Korrektur ist Ignorieren. Das Ziel aller Lebewesen ist immer ein Mehr an angenehmen Erfahrungen, alle Bestrebungen gehen in diese Richtung. Uns bleibt auf der Skala zwischen angenehm und unangenehm noch der mittlere Bereich: kein Effekt.

Keinen positiven Effekt zu erzielen wirkt ausreichend negativ, um sich noch mehr auf lohnendere Dinge zu konzentrieren. Aber es wirkt nicht so negativ wie unangenehme Erfahrungen, die blockierend und manchmal sogar lähmend sein können.

Also, wenn Sie eine Verhaltensweise Ihrer Katze nicht schätzen, ist der sicherste Weg, sie zu ignorieren. Gleichzeitig sollten Sie aber Ihre Aufmerksamkeit auf das Verhalten richten, das Sie akzeptabel finden, und dieses bestätigen.

Klingt ganz einfach und ist es auch. Bloß im Alltag erfordert das schon einiges an Achtsamkeit und Aussteigen aus gewohnten Denkmustern.

Und jetzt kommen ein paar Dinge, die Sie nie tun sollten:

* Korrigieren Sie eine Katze nie mit Schlägen! Prügeleien sind für Katzen untereinander ernster Kampfeinsatz, und es geht dabei in der Regel um schmerzhafte Verletzungen. Ihre Katze wird sich mit allen 18 Krallen und 30 Zähnen gegen Sie wehren und Sie in Hinkunft meiden, wo es nur geht.
* Korrigieren Sie keine Katze, weil sie Angst hat. Eine der möglichen Reaktionen von ängstlichen Katzen ist Aggression.
* Korrigieren Sie keine Katze für katzentypisches Verhalten, ohne ihr akzeptable Alternativen anzubieten.
* Korrigieren Sie keine Katze außerhalb des unmittelbaren zeitlichen Zusammenhangs (1 Sekunde!) für ein Verhalten – sie kann rein gar nichts daraus lernen, allenfalls, dass Sie unberechenbar und gefährlich sind.

Kurz zusammengefasst:

1. Strafen vermitteln keinerlei Information über das erwünschte Verhalten und verursachen Stress.
2. Falls Korrekturen notwendig sind, sollten diese nach Möglichkeit anonym und ohne Zorn erfolgen.
3. Setzen Sie Korrekturen wie Nein äußerst sparsam ein, um sie nicht unwirksam zu machen.
4. Ignorieren ist hinreichend effektiv, um in Kombination mit positiver Verstärkung das Verhalten einer Katze zu beeinflussen.

Reine Zeitfrage – richtiges Timing

Bis jetzt noch alles klar?

Dann kommen wir zum letzten Problem – der kurzen zur Verfügung stehenden Zeitspanne. Sie erinnern sich – es bleibt nur 1 Sekunde!

Stellen Sie sich Folgendes vor: Ihre Katze verhält sich gerade genau so, wie Sie es wollen ... aber Sie brauchen auf jeden Fall länger als 1 Sekunde zum Kühlschrank und zurück – um dann mit einer Belohnung zu bestätigen, was Ihre Katze ... jetzt schon wieder ganz anders macht.

Dafür gibt es eine wunderbar einfache Lösung! Sie brauchen nur einen sekundengenauen Hinweis, der für Ihre Katze dieselbe Bedeutung hat wie eine Belohnung. Gleichsam eine vorläufige Ersatzbelohnung, die die Zeit, die Sie bis zum Kühlschrank und zurück brauchen, überbrücken kann.

Praktisch alles kann diese Bedeutung bekommen – Sie wissen, dass Ihre Katze das Geräusch des Dosenöffners erkennt und weiß: Jetzt gibt es Futter.

Um praktisch und gezielt einsetzbar zu sein, muss dieses Signal ein paar Voraussetzungen erfüllen:

* Die Katze muss es erkennen und wahrnehmen können

* Es muss unverwechselbar sein und darf nicht versehentlich im Alltag vorkommen
* Sie sollten es nach Möglichkeit immer bei sich haben.

Es kommen also verschiedene, von Ihnen selbst produzierte Geräusche wie beispielsweise ein Zungenschnalzen infrage. Außerdem gibt es die derzeit in der Hundeausbildung beliebten Clicker (Knackfrösche). Speziell dazu später mehr.

Als weitere Voraussetzung muss das Geräusch natürlich für Ihre Katze erst einmal positive Bedeutung bekommen. Ursprünglich ist ja das Geräusch völlig neutral. Indem auf ein bestimmtes Signal eine angenehme Erfahrung folgt, bekommt es automatisch die gleiche positive Bedeutung wie die Erfahrung selbst. Die Katze ist dann auf dieses Signal konditioniert.

Im Alltag enthalten viele Ihrer Handlungen einen Vorhersagecharakter (Signal) für das, was kommt.

Ein Beispiel: Sie liegen noch im Bett, aber Ihre Katze ist bereits wach und hungrig. Ihre Katze weiß, wenn Sie jetzt aufstehen, kommt zuerst der Weg ins Bad, dann in die Küche und dann der Griff zum Dosenöffner. Somit hat jede Ihrer Handlungen einen Signalcharakter für den zu erwartenden Erfolg: Futter.

Aus der Sicht der Katze sieht das ungefähr so aus:

Ihre Katze assoziiert nun jede ihrer eigenen Verhaltensweisen mit dem Ergebnis: Sie stehen nur *deswegen* auf, *weil* die Katze unruhig ist und maunzt, Sie gehen nur *deswegen* in die Küche, *weil* die Katze im Badezimmer neben Ihnen miaut und Sie öffnen *deshalb* die Dose so schnell, *weil* sich die Katze an Ihren Beinen reibt.

Das bedeutet, dass Ihre Katze *alles*, was zu diesem Erfolg führt, öfter wiederholt!

Als da wären: morgens lästig sein, unablässig miauen und an den Beinen reiben.

All das hat sie gelernt – von Ihnen.

Sie wollen Ihr was anderes beibringen, bitteschön:

Ab jetzt können Sie praktisch an der Erziehung Ihrer Katze arbeiten.

Sie kennen das Prinzip der *positiven Verstärkung* und was Ihre Katze *motiviert*; Sie wissen um die möglichen nachteiligen Wirkungen von *Strafe* und Sie haben das richtige *Timing* im Griff – jetzt fehlt nur noch die Praxis.

Wie kann man das in die Praxis umsetzen?

Um Ihnen einen Begriff zu vermitteln, wie das im Alltagsleben mit Ihrer Katze aussehen könnte, hier wieder ein paar Beispiele:

Dieselbe Ausgangslage wie vorhin: Sie liegen frühmorgens noch im Bett und wollen sich noch einmal umdrehen, aber Ihre Katze hat Hunger. Sie miaut, ist lästig und versucht Sie unter der Bettdecke auszugraben oder sie trampelt so lange über Ihren Bauch, bis es Ihnen zu blöd wird und Sie aufstehen.

Was hat Ihre Katze gelernt? Lästig sein lohnt sich! Sie werden aktiv und rücken das Frühstück heraus.

Sie wollen Ihrer Katze beibringen, Ihre Morgenruhe zu respektieren:

1. Sie ignorieren alles, was Ihnen missfällt, auch wenn's schwerfällt.
2. Sie denken darüber nach, was Ihre Katze stattdessen tun sollte: z. B. leise und ruhig sitzen.
3. Warten Sie so lange, bis genau das passiert – Ihre Katze hält einen kurzen Moment inne und
4. Sie machen einen tiefen Atemzug (= Signal) und stehen auf!
5. Ihre Katze hat gelernt: Still sitzen kann erfolgversprechender sein, als lästig zu sein.
6. Nach einigen Wiederholungen wartet Ihre Katze immer öfter still auf den tiefen Atemzug, und Sie können sie länger in Ruhe warten lassen, bis Sie aufstehen.

Sie folgen einer raunzenden und maunzenden Katze in die Küche und richten das Futter her.

Dann stellen Sie das Futter hin und was hat Ihre Katze gelernt? Maunzen und raunzen zahlt sich aus, das Futter kommt überhaupt nur wegen dem Gejammer!

Wie könnten Sie Ihre Katze erziehen, Ihr Frühstück geduldiger zu erwarten?

1. Sie richten das Futter her.
2. Sie warten auf den Moment, in dem Ihre Katze sitzt und leise ist.
3. Sie schnalzen leise mit der Zunge (= Signal) und stellen gleichzeitig das Futter zu Boden.

Ihre Katze versucht, das Futter der Partnerkatze zu fressen und verdrängt sie von der Schüssel.

1. Sie hocken neben der Vielfraßkatze und warten auf den ersten Hinweis, dass sie ihre Futterschüssel verlässt.
2. Sie schnippen von hinten an die Ohrmuschel und sagen deutlich: nein.
3. Ihre Katze hat gelernt: In fremde Schüsseln zu schnüffeln ist unangenehm.
4. Ihre Katze lernt, nein zu respektieren, weil es unangenehm verknüpft ist.

Punkt 2 ist natürlich auch in anderen Situationen anwendbar, um nein mit einer eindeutigen Bedeutung zu verknüpfen.

Sie sitzen bei einer Arbeit oder beim Fernsehen und Ihrer Katze ist langweilig. Um Sie zu aktivieren, geht sie zur Couch und beginnt zu kratzen. Sie sagen Nein – ohne Effekt. Sie stehen auf und wollen Ihre Katze vertreiben. Ihre Katze saust los ... und nach wenigen Minuten beginnt das Spiel von vorne.

1. Sie ignorieren alles, was Ihnen missfällt.
2. Sie überlegen, was Sie als alternatives Verhalten akzeptieren könnten.

3. Sie unterstützen und bestätigen das richtige Verhalten: Bei jeder Spielrunde mit Ihrer Katze gehen Sie zum Kratzbaum oder einer anderen Kratzstelle und kratzen selber mit den Fingern dran (= Signal und Vorbild). Die meisten Katzen werden zumindest neugierig und kommen nachschauen.
4. Wenn Ihre Katze am Kratzbaum kratzt, nehmen Sie die Spieleinladung an und spielen eine kurze Runde.
5. Sie sichern die unerwünschten Kratzstellen mit anonymen Korrekturen und/oder zielen mit der Wasserpistole auf die Katze.

Letzteres allerdings nur, wenn Sie sicher sind, dass Ihre Katze ausreichend Spielgelegenheiten mit Ihnen hat.

Beispiele dieser Art gäbe es natürlich unendlich viele, und in jeder Mensch-Katze-Gemeinschaft gibt es individuell unterschiedliche Anforderungen und Ansprüche.

Das Prinzip bleibt aber immer dasselbe:

Was ist das normale Verhalten der Katze, was ist ihre Motivation?

Was ist das erwünschte Verhalten?

Bestätigen des erwünschten Verhaltens zum richtigen Zeitpunkt.

Und ganz zum Schluss – bevor ich es vergesse – die größte Herausforderung: *Konsequenz!*

Konsequenz und Beständigkeit sind die größten Vorteile, die Katzen uns gegenüber haben. Bereits mit einem einzigen positiven Erfolgserlebnis kann eine Katze lernen. Jede erzieherische Inkonsequenz von unserer Seite wirkt wie eine Zufallsbestätigung – die beste Verstärkungsmethode, die es gibt!

Die schnelle Lernfähigkeit der Katze und die große Konsequenz, die sie mitbringt, macht sie mit Sicherheit zur erzieherischen Herausforderung.

Nur weil wir Menschen weniger Ausdauer, Geduld und Konsequenz mitbringen, sind Katzen noch lange nicht unerziehbar.

Wie kann ich meiner Katze das „verclickern“?

Dieser Abschnitt beschäftigt sich nun mit völlig unwichtigen, nebensächlichen und zwecklosen Erziehungsmaßnahmen. Keine einzige der folgenden Übungen hat irgendeinen ernsthaften Sinn.

Oder vielleicht doch?

Es geht nur um Spaß an der Freude, um Heiterkeit und um spielerische Leichtigkeit.

Es geht um einen belebten Katzenalltag und es hält auch Wohnungskatzen geistig in Schwung. Es ist mithin ein gutes Mittel gegen Langeweile und eine Herausforderung für ein harmonisches Leben mit Katzen.

Es geht um Clickertraining.

Clickertraining folgt dem Prinzip der positiven Verstärkung, wobei das Metallclicken eines Knackfrosches als Signal benützt wird. Wie viele andere Tiere können natürlich auch Katzen „geclickert“ werden.

Auf einer gemeinsam geschaffenen Kommunikationsbasis können Sie Ihrer Katze Gefallen und Zustimmung ausdrücken. Ihre Katze lernt ein Repertoire an erwünschten Verhaltensweisen. Und anstatt mit unerwünschtem Verhalten Aufmerksamkeit zu erregen, bietet sie in Hinkunft eher das an, was Ihnen schon gefallen hat.

Um Katzen erfolgreich clickern zu können, müssen einige Dinge berücksichtigt werden:

* Erstens muss einmal, wie schon beschrieben, die positive Verknüpfung click = Erfolg im Gehirn der Katze installiert werden.
  Sie machen ungefähr 20- bis 30-mal click und geben gleichzeitig jedes Mal ein klitzekleines Stück von dem Futter, das Ihre Katze am meisten liebt.
  Nach diesen 20–30 Wiederholungen, eventuell in zwei Übungseinheiten, sollte die Konditionierung geschafft sein.

* Machen Sie nur kurze Übungseinheiten von 3–5 Minuten.
* Katzen lieben Abwechslung, und wenn die Anforderungen zu hoch werden, geben sie auf.
* Katzen müssen ziemlich lange regelmäßig bestätigt werden.
* Wechseln Sie nur langsam zur Intervallbelohnung – jedes zweite, dritte, vierte Mal – und erst dann zur zufälligen Bestärkung. Je nach Übungsintensität kann das Monate dauern.
* Schließen Sie mit einem Erfolg ab – das erhöht die Spannung, wenn Sie das nächste Mal beginnen.
* Berühren Sie die Katze während der Übungen nicht – das wirkt sehr leicht irritierend.
* Reden Sie während der Übungen nicht oder nur wenig mit der Katze.
* Katzen sind im Gegensatz zu uns denk- und sprachorientierten Menschen mehr körper- und wahrnehmungsorientiert. Zu viel Gerede stört ihre Konzentration.
* Abgesehen davon ist Clickertraining nicht primär befehlsorientiert.
* Verwenden Sie vorrangig Sichtzeichen, und zwar ganz kleine Gesten mit Fingern oder Händen. Große, weit ausholende Bewegungen wirken bedrohlich auf die Katze.
* Achten Sie bei Ihren Bewegungen auf kleine Details – bereits ganz geringfügige Änderungen werden von der Katze als anderes, unbekanntes Signal angesehen.
* Verwenden Sie als sprachliche Aufforderungen nur kurze Worte oder einzelne Silben.
* Üben Sie anfangs immer an derselben Stelle und zur selben Zeit – Variationen von Zeit und Ort müssen bei der Katze langsam geübt werden (Zeit-Raum-Struktur hat in ihrem Leben große Bedeutung).
* Auch wenn Katzen begriffen haben, was von ihnen erwartet wird, sind sie nicht jederzeit bereit, ihre Kunststücke vorzuführen.
* Seien Sie geduldig, Katzen brauchen als Lauerjäger häufig etwas länger, um sich zu entscheiden.

* Erwarten Sie keine perfekten Kunststücke – es ist ein Spiel!

Prinzipiell können Sie Ihrer Katze alles beibringen, wozu sie rein körperlich in der Lage ist.

Beginnen Sie mit einfachen Übungen – hier zur Anregung ein paar Beispiele:

Sitz: Warten Sie, bis Ihre Katze von selber sitzt und: Click + Belohnung (C + B).

Aufregung kommt auf, Ihre Katze testet alle Möglichkeiten, an die nächsten Leckerbissen heranzukommen. Sobald sie wieder sitzt – C + B. Die Abstände, bis sie wieder sitzt, werden immer kürzer und Sie beginnen ein Zeichen, z. B. linken Zeigefinger nach oben gestreckt, einzuführen. Wenn Ihre Katze das Sichtzeichen gelernt hat, können Sie auch eine Aufforderung einführen: leise „Sitz" oder auch nur „sssst".

„Da" ist eine gute Sache, um Katzen etwas zu zeigen oder sie auf etwas aufmerksam zu machen. Mit dem Zeigefinger auf den Boden klopfen, Aufforderung „Da". Wenn die Nase ganz nah an Ihrem Finger ist, gibt's C + B.

Lift: Katzen können sehr gut wie Hasen auf ihren Hinterbeinen sitzen. Mit einem Leckerbissen können Sie die Katze animieren, sich auf die Hinterbeine zu setzen. Sobald die Vorderpfoten vom Boden weg sind – C + B. Als Sichtzeichen z. B. mit Zeigefinger locken

(komm her) und als akustische Aufforderung ein zartes „fft".

Variante: Auf den Hinterbeinen stehen erfordert mehr Gleichgewicht und ist die Fortsetzung dieser Übung.

Leg dich: Entweder bestätigen Sie die Brust-Bauch-Lage (wie eine Sphinx) oder eine laszive Seitenlage. Vor allem bei sehr aktiven Katzen ist das eine etwas schwierigere Übung. Konsequent geübt kann sie sehr relaxend wirken. Sichtzeichen linke Handfläche mit geschlossenen Fingern parallel zum Boden halten, akustische Aufforderung:

„Leg (dich)".

Hopp: Neben „Sitz" eine der einfachsten Übungen. Mit einer kleinen Handbewegung auf die gewünschte Fläche zeigen, Aufforderung kurzes „Hopp". Kombinationen von „Hopp" mit „Sitz-Lift-Legdich" sind auf jedem Sessel oder Podest möglich.

Von einer erhöhten Position zur anderen können Sie noch kleine Balanceakte einbauen – auch keine schwierige Sache für Katzen. Mit „Da" können Sie den Weg weisen, weil Ihre Katze immer dem Zeigefinger folgt.

Spin: Drehen um die eigene Achse. Aus dem „Sitz" mit dem nach unten weisenden Zeigefinger einen Kreis andeuten, Aufforderung „Spin". Am Anfang bereits für die Kopfdrehung Richtung Zeigefinger C + B, langsam die Anforderung steigern, bis die Drehung komplett ist.

Sie werden sehen, wenn Sie und Ihre Katze einmal auf den Geschmack gekommen sind, fallen Ihnen noch viele weitere Übungen ein. Es geht letztlich nicht um den Nutzeffekt, sondern nur um die gemeinsame Beschäftigung und Unterhaltung. Lassen Sie Ihrer Fantasie freien Lauf und beobachten Sie, was Ihre Katze gerne macht und an Verhalten anbietet. Mit einem Click können Sie es einfangen, und das Spiel kann wieder beginnen. Falls Sie Interesse an weiteren Feinheiten wie dem Formen von Verhalten (Shaping) und Aufbau von Handlungsketten haben, verweise ich auf die entsprechende Literatur zur Hundeausbildung (s. Literatur).

Selbstverständlich können Sie auch im Rahmen einer Verhaltenstherapie zur Umerziehung Ihrer Katze mit Clickertraining arbeiten und positive Lernschritte in Richtung erwünschtes Verhalten erreichen.

Kurz zusammengefasst:

* Clickertraining ist eine wunderbare Möglichkeit, auch Wohnungskatzen ausreichend geistige Beschäftigung zu ermöglichen.
* Jede Übungseinheit fordert Konzentration und Entscheidung – Ihre Katze kann sich Erfolgserlebnisse und Futter erarbeiten – ganz wie im richtigen Leben.

7 Zum Abschluss

So, nun haben Sie es bis zum Ende geschafft!
Nur die eine Frage vom ersten Kapitel ist noch übrig:

Kann und will ich die grundlegenden Bedürfnisse einer Katze erfüllen?

Sie haben vieles über die richtige Auswahl, das normale Verhalten, die Kommunikationsmöglichkeiten, die wesentlichsten Bedürfnisse, die Gesundheitsvorsorge und die Erziehung von Katzen erfahren.

Dieses Buch gibt bei Weitem nicht erschöpfend Auskunft über alles, was Katzen betrifft, und so viele Fragen bleiben offen:

Aber ich denke, es ist ausreichend, um Ihnen bei einer wichtigen Entscheidung zu helfen.

Und wenn nur Sie Ihre Katze besser verstehen und ihr ein artgerechteres und abwechslungsreicheres Leben in der Wohnung bieten, hat dieses Buch seinen Zweck schon erfüllt.

8 Literatur

BEAVER, V. B. Feline Behavior: A Guide for Veterinarians, W. B. Saunders Company, 1992.

DODMAN, N.: Katzen, die zuviel kratzen, Ullstein, 1999.

BESSANT, C.: How to talk to your cat, Barron's Educational Series, Inc., 1992.

DEHASSE, J.: Le chat cet inconnu, Bruxelles,Vander 2000.

DEHASSE, J.: L'éducation du chat, Montreal, 2000.

DEHASSE, J.: Le chat hors du commun, Montreal, 1998.

GAGNON, A.-C.,: CHAURAND, J.-P. und LARUE, J.-F., Comportement du chat et ses troubles, Maison-Alfort, Edition du Point Vétérinaire, 1995.

HEATH, S.: Why does my cat …?, London, Souvenir Press, 1998.

JOHNSON, P.: Think like a cat, Penguin, 2000.

JOHNSON, P.: Cat love. Understanding the needs and nature of your cat, Storey, 1990.

NEVILLE, P. und BESSANT, C.: Reader's Digest, 1997.

PIETRALLA, M.: Clickertraining für Hunde, Stuttgart, Franckh-Kosmos, 2000.

SCHÄR, R.: Die Hauskatze. Lebensweise und Ansprüche, Stuttgart, Eugen Ulmer, 1994.

SCHÖNING, B.: Clickertraining für Pferde, Stuttgart, Franckh-Kosmos, 2000.

TURNER, D. C.: Die Mensch-Katze-Beziehung, Jena, Gustav Fischer, 1995.

TURNER, D. C.: Das sind Katzen. Informationen für eine verständnisvolle Partnerschaft, Müller Rüschlikon, 1989.

TURNER D. C.: und BATESON, P. (Hrsg.) The domestic cat. The biology of its behaviour, Cambridge University Press, 1989.

9 Index